别说记不住！你只是没找对方法

掌握方法才能轻松记忆，这才是你最需要的记忆魔法书
记忆魔法训练营，一本真正开发你记忆潜能的实战宝典

学一点记忆的魔法，
你也可以是大脑强人

神奇巧妙的记忆魔法书，
大脑强人的晋级手册

青蛙王子◎著

立信会计出版社
LIXIN ACCOUNTING PUBLISHING HOUSE

图书在版编目（CIP）数据

　　学一点记忆的魔法，你也可以是大脑强人/青蛙王子著. -- 上海: 立信会计出版社, 2015.3

　　（去梯言）

　　ISBN 978-7-5429-4493-1

　　Ⅰ.①学… Ⅱ.①青… Ⅲ.①记忆术—通俗读物

Ⅳ.①B842.3-49

　　中国版本图书馆CIP数据核字（2015）第004244号

策划编辑　　蔡伟莉

责任编辑　　徐小霞

封面设计　　久品轩

学一点记忆的魔法，你也可以是大脑强人

出版发行	立信会计出版社		
地　　址	上海市中山西路2230号	邮政编码	200235
电　　话	（021）64411389	传　　真	（021）64411325
网　　址	www.lixinaph.com	电子邮箱	lxaph@sh163.net
网上书店	www.shlx.net	电　　话	（021）64411071
经　　销	各地新华书店		

印　　刷	固安县保利达印务有限公司		
开　　本	720毫米×1000毫米	1/16	
印　　张	20	插　　页	1
字　　数	226千字		
版　　次	2015年3月第1版		
印　　次	2015年3月第1次		
书　　号	ISBN 978-7-5429-4493-1/B		
定　　价	36.00元		

如有印订差错，请与本社联系调换

前　言

PREFACE

　　记忆是从感知到思维的桥梁，是想象力驰骋的基础，没有它，就不会有人类的思维。正是因为有了记忆，人们才能在不断地认识和改造世界中积累经验、运用经验。也就是说，有了记忆，人们才能在以往反映的基础上进行当前的反映，从而保证了对外界的认知更全面、更深入，保证了人们心理活动的前后统一和连续不断，逐渐形成了一个发展的过程。通过记忆，人们丰富了自己的知识，提高了自己的认识能力，也形成了各自的个性心理特征。所以说，如果把人类认识能力比作核潜艇，那么，记忆就是必不可少的核动力。

　　当今世界，社会的运转速度大幅加快，大量的信息全方位刺激着我们的神经，我们对知识和资源的需求与日俱增，记忆力的重要性在现代社会中逐渐体现出来，记忆力正史无前例地发挥着其应有的功能，记忆力对人们的人生成败起着至关重要的影响作用。

　　记忆力在学习和工作等方面的作用不言而喻。然而，我们常常遭遇记忆力不佳的困境，为自己的记忆力不佳而烦恼不已。我们常常会忘记书中公式，忘记资料中的数据，记不住电话号码，忘记对方的名字，甚至连一些重要的日子都会遗忘。记忆力就是这样让我们抓狂，让我们费力费心费神！我们常常感叹那些记忆大师、记忆超人、记忆冠军所拥有的超凡记忆力，羡慕他们的记忆能力，认为他们有着与众不同的记忆天赋。

　　其实，除了少数有着超强记忆力的人之外，大多数人的记忆力没有多大的差距。人的记忆潜力是非常大的。据美国科学家研究，如果一个人始终好学不倦，他的大脑所能储存的各种知识，将相当于美国国会图书馆藏书量的50倍。而美国国会的藏书有1000多万册。可以想象一下，一个人的大脑能够装下多少知识！

记忆与其说是一种能力，不如说是一种方法。人们之间记忆能力的差距，在很大程度上是由记忆方法的差距所引起的。世界著名的记忆大师哈利·罗莱因说："记忆方法是任何人都完全能够掌握的。记忆力的强弱并非天生的，它是可以随着训练和掌握好的记忆技巧和方法而提高的。"要想进行有效的记忆，单纯靠死记硬背是行不通的，必须寻找一些窍门。只有掌握了科学、实用的方法，记忆才能够真正成为你提升学习和工作效率的有效工具。

那么，记忆力能改善、提高吗？记忆有没有方法？记忆有规律可循吗？答案是明确的。本书就是为你精心准备的一本记忆魔法书。书中总结了行之有效的记忆规律，囊括了中外各种高效记忆方法，同时综合了最新的记忆科学成果。全书打破了单调、机械地讲解记忆方法的俗套，以深入浅出的文字、鲜活有趣的事例，融合心理学、生理学、社会学、管理学、逻辑学等学科知识和原理，从原理、训练、应用三方面，穿插图形和表格，深入而生动地探讨了如何提高记忆力的方法和窍门，为广大读者解决记忆问题、突破记忆障碍、提升记忆能力提供了有力的帮助和科学的指南。书中所讲解的记忆方法其针对性和实用性都很强，一看就懂，一学就会，不仅适用于广大莘莘学子，也适用于已经走上社会工作岗位的各类读者。

打开本书，如同打开一个记忆的魔盒，联想记忆法、交际记忆法、图表记忆法、间隔交替记忆法、抽象记忆法、谐音记忆法、编码记忆法、链锁记忆法……一个个充满魔力的记忆方法纷至沓来，让你应接不暇、大开眼界，又惊叹不已、获益无穷！

了解记忆的魔法，使记忆立竿见影、轻松高效！掌握学习的魔法，做大脑强人、时代精英！

目　录
CONTENTS

第二十七章　积极态度法：信念创造记忆奇迹

第一章
训练记忆力，你也可以是大脑强人

　　凡是人们感知过的事物、思考过的问题、体验过的情感以及操作过的动作，都会在人们头脑中留下不同程度的印象，其中一部分作为经验能保留相当长的时间，在一定条件下还能恢复，这就是记忆。记忆力是可以通过训练得到提高的。

← 测定你的记忆力和记忆类型

测试目的：了解你的记忆力和记忆类型，便于学习记忆时能够扬长避短，并通过针对性的训练不断提高自己的记忆力。

测验准备：首先拟订一位忠实严格的监考老师，再准备一只计时器，然后把书本交给监考老师即可。

测试 1 视觉记忆测验

请看图 1：图上有 20 件物品，请用眼睛看，然后尽力记住。3 分钟以后，把书合上，然后给被测者一张纸、一支笔，把你能回忆起来的物品的名称写在纸上，不一定按顺序。

然后对照图，记下测验的成绩。

其中：

16~20 件为优秀；

13~15 件为良好；

图 1-1

10~12 件为一般。

测试 2　听觉记忆测验

请监考老师以稍慢的速度，对被测者大声朗读下面的 10 个词（两遍）：余得利、白云、小胡、酒瓶、洗衣机、李明松、桂花、虚伪、科技、378。读完后休息 10 秒钟，让被测者把听过的 10 个词写在纸上然后记下被测者的成绩。

其中：

8~9 项优秀；

6~7 项为良好；

4~5 项为一般。

测试 3　朗读记忆测验

请监考老师把下面 10 个词语写在一张白纸上：照相机、BCF、书本、雨伞、剪刀、眼睛、725、沙发、思想、灯泡。然后把纸交给被测者，让被测者以中等稍慢的速度大声朗读 2 遍，再休息 10 秒钟，把能回忆起来的词写在纸上，校对成绩。

其中：

8~9 项为优秀；

6~7 项为良好；

4~5 项为一般。

测试 4　综合记忆测试

这次请监考老师准备好 10 件小物品（10 件物品之间的关联性最好不要太

大），然后与被测者面对面坐下，把准备好的小物品依次拿出来给被测者看，同时，让被测者高声念出物品的名称。然后休息 1 分钟，请被测者背出刚才展示过的物品。记下被测者的成绩。

其中：

9~10 个为优秀；

7~8 个为良好；

5~6 个为一般。

通过以上 4 个简单的记忆小测验，可以大致说明你的哪一种感觉记忆较发达，记忆习惯哪点强、哪点弱。当然，其中也会有些误差，最好多测验几次，得出平均值，才最接近于你真实的记忆水平。

← 测试你的短期记忆力

短期记忆，顾名思义，就是你的大脑中简单记录的一些信息，它也叫活跃记忆。

你必须让它们在你的脑海里保持活跃状态，否则用不了多久你就忘了。美国心理学家帕林通过试验证明，人的短期记忆只能保持数秒钟。在日常生活中，有许多东西是没有必要长期记忆的。随记随忘的短期记忆正是人脑比电子计算机高明的地方，其好处在于可以排除干扰，减轻大脑的负担，从而可以集中精力记那些必须长期记忆的东西。凡需要长期记忆的东西，可将短期记忆反复记几次，就可以由短期记忆变为长期记忆了。

比如说，你在你的通讯录里找一个不常联络的朋友的电话，有 8 位数，你只能记住他几秒，除非你不断地重复，或干脆写下来，或转为长期永久的记忆。可能你先查到了号码，关上电话簿，拨号后听到忙音，当你再想拨时你已经把电话号码忘了，因为你只是暂时记住了。短期记忆是你短时间内集中记忆力所能记下来的东西，它是你的记忆力跨度，记得快同样也忘得快。为了克服遗忘，我们可以不停地重复，就像重复电话号码、英文单词的拼法、一个人的名字、方向等等一样。

这种重复有两个功能：①在短期记忆中将信息保留的时间延长；②可以帮助你将息编译，转为长期记忆。短期记忆对我们大多数人来说功能有限，只能记住几件事。

1.短期记忆长度的衡量

你可以看看你的短期记忆力究竟如何，下面有一些数字，朗读一下，然后合上书，看看能不能将他们重复出来。从 5 位数开始一直到 9 位数。不管我们受正式教育的程度如何，通常各个年龄层的人平均只能记下 7 位数：

56473

789547

6873927

47892639

495136874

7 位数以后的数字很多人就记不住了，不是忘了前面的，就是丢了后面的。这个小测试说明了短期记忆的遗忘率有多快。如果你等上 10 秒钟再重复这些数字就更想不起来了。

2.增强短期记忆的有效练习

如何才能提高自己的短期记忆力呢？我们经常问这个问题。这个问题的答案就是分块，将一些很长的数字或信息分成几块来记忆。

比如，495136874 很难记，但如果我们把它分成三块，就会好记得多：495-136-874。记电话号码也可以用同样的方法，要简单准确地记住像这样一个号码的电话不太容易，但我们只要把它分为三块来记，就会容易得多。

同样的方法可以用来记忆长串的事物，看看下面 9 个互不相关的词：

桌子，玫瑰，万寿菊，大象，印度豹，椅子，鱼尾菊，斑马，书柜

慢慢地读，然后合上书，看看你能记住多少，多数人平均只能记住 7 个。

然后我们再来把这些事物分成几块，在日常生活中我们管这样的分块叫做分类。

动物	花	家具
大象	玫瑰	桌子
印度豹	万寿菊	椅子
斑马	鱼尾菊	书柜

分类后再来记忆就会容易很多。每一类成了一个整体，而不再是三个不相关的事物。而在每一类中的每一个事物你记起来都会更容易，因为你可以把它们联系起来。

短期记忆有以下几个用途：

减少混乱。它起到一个临时的速记板的功能。无论你是算账、买单，还是记下名字、日期，你的大脑中都会留下清楚的信息。

当你进入一个崭新的、陌生的环境时，能帮助你记下周围的环境和道路。

短期记忆能帮助你记下为一天的活动所订立的计划，当你完成一件事以后，你就可以毫不犹豫地开始做下一件事。

短期记忆能帮助你记下谈话的内容。对方提到某个人的名字，你必须清楚他在说谁，这个人的名字可能就在你们刚才的谈话中出现过。

← 任何人都能提高记忆力

通常，我们在学校和从书本上所学到的知识，或听到及见到的事物和现象，到后来往往不能完整无缺地回忆出来；前一天和许多人会面的情形或学习的各种知识，到第二天往往也只能想起其中的一部分。所以就有人认为我们头脑的存储容量是有限的，当存入一定程度的信息后，那些超过了容量限度的信息，就像水从玻璃杯溢出来一样，不能再被存入大脑中。于是，有人会产生"我脑子笨，简直没有办法"之类的托词，认为记忆的量少是理所当然的想法。

可是，根据美国阿诺欣教授和劳森贝克教授等对记忆量的研究结果可知，我们的大脑几乎能把进来的全部信息存储下来，它具有极其充分的容量。

据劳森贝克教授的计算，让人脑每秒钟都接收 10 个新信息，即使这样继续一生，也还有存储其他事物的余地。人脑是不会出现像"由于饮食过了度，再也吃不进任何东西了"那种情形的。所以我们可以放心地去记忆任何想要记住的事物。

世界上常常出现一些记忆力特别强的人物，这在一定意义上，也证实了"人脑可以存储的信息量是大得不可想象的"这一说法。

在舞台上表演记忆术的人之中，竟有人能把平均每隔 2 秒内得到的一个前后没有联系的新信息，全部记住又准确无误地复述出来，并且他还声称：只要知道了记忆的方法，谁都能够做到这一点。

另外，有一个以"保持完整的记忆"著称的俄国人，关于他那记忆力的优越程度有过如下一个插曲：据说他在讲完了 15 年前那日发生的一件事后，还问道："需要说出当时的详细时刻吗?"

俄国心理学家亚历山大·鲁利亚教授对他进行了数年的研究，结果发现他的大脑结构和功能与普通人并没有差异。他之所以具有超人的记忆力，是基于他在幼年时就自然地掌握了记忆身边发生事情的方法。

能够把整个脑器官都充分利用起来的人是没有的。普通人在日常生活中所使用的脑力，可以说只占全部脑机能的几十分之一或几百分之一。所谓"记忆法"，也只是为了把这几十分之一或几百分之一变成"之二"而已。所以只要有意识地、人为地训练大脑，且能保持连续，就可以理所当然地防止脑子老化。

因此，对于我们能否提高自己的记忆力这个问题，回答当然是肯定的。任何人都可以通过学习和社会实践积累丰富的知识与经验，如果把它系统地交织在一起，一定会有很强的记忆力，或许能帮助记忆力差的人充分发挥自己的记忆才能。

"我必须记住"，"我能记住"，这样相信自己，给自己一个积极的自我暗示是十分重要的。在司汤达的《红与黑》中，当女主人公朱莉安受人之托传送一封长信时，为了防止中途出事，而将全文默记在心。托信的人问她："你真能完全记住?"她答道："只要我不怕忘记，就记得住。"看来，只要有强制性和方法对头，就一定会达到预期的目的。

一般地说，增强记忆力的方法有两个组成部分：一是为人提供诀窍，使人能够把学习工作中和社会生活中想记住的一切记住；二是增强人的观察力、想象力和分类的能力，把想记住的都不甚费力地留在脑子里。

← 记忆能力的简单训练法

你的记忆能力有多大？美国麻省理工学院科学家的一份报告说：假设你始终好学不倦，那么，你脑子一生储藏的各种知识，将相当于美国国会图书馆藏书的 50 倍。据说，该图书馆藏书 1000 多万册，也就是说，人的记忆容量相当于 5 亿本书籍的知识总量。还有人估计，全世界图书馆藏书 7.7 亿册。它们所包括的信息总量共有 4600 万亿比特，这正好和一个人脑所能记忆的信息大体相当。并且，人的记忆可以保持 70~80 年以上。

1.增强记忆能力的简单方法

（1）回忆一天的细节。这种增强记忆的锻炼你可以在每天入睡之前进行。如果你能老老实实地坚持 1 个月内每天晚上都做一次，结果会让你大吃一惊。

上床准备睡觉前，或背靠着枕头坐着，或躺着，但要确保自己在 10~15 分钟之内保持清醒。通过有意识地做几分钟呼吸运动来放松自己。从今天做的最后一件事开始，回忆其最具体的细节。这可能包括让自己舒舒服服地躺在床上，注意自己的呼吸运动。

然后再往前想，回忆就在这之前做的事，也许是爬上床。然后是在这之前的事，也许是刷牙，回忆你的感觉和想法。

想象你的一整天是一盘电影胶片，现在正在倒着放映。就像倒退着走路或说倒话，假如这样，你是观众（也是回忆者），倒着回顾你一天中的每一时刻。

诸如：

我正躺在床上开始回忆我的一天。

我从卫生间走到床边。

我从书桌走到卫生间。

我站在书桌旁对妈妈或爸爸说了这样的话。

我从客厅走进卧室，站在书桌旁。

我关掉客厅内的电视和灯。

我坐在自己的床上，跷着脚，看《哈里波特》。

在此之前，我透过窗户，看到一轮圆月从天边冉冉升起。

这样一步步地倒着回顾你的一天。

你可能会发现，在时间上离现在越近的时刻，其细节的东西记得越多；而一天中早些时候发生的事，其印象最仓促、最短暂。

（2）画地图练习记忆。找一份市内街道图，选取一个小区，划一个圈圈上10多条街道，然后再观察此图3分钟。使用定时器以保证时间的准确性。合上图不看。定时1分钟。根据记忆重画此图，包括街道名及所在位置。

不断练习，直到能在不超过60秒的时间里精确地画出此图。再将市内街道图扩大圈定范围到20多条街道，再用3分钟观察此图后，合上图不看。定时1分钟。根据记忆重画此图，包括街道名及所在位置。

不断练习，直到能在不超过90秒的时间里精确地画出地图。

（3）永远不会忘记的面孔。每天一次，随意选一件物体、一张画片或一个人，仔细观察2分钟。移开视线，画出刚才观察的对象。一天结束时，不看此画，根据记忆再画一张。

每天换一个观察对象，持续一周。然后，把这些画放起来，根据记忆重画。

注意先后画的图像之间的差异和不同之处。

坚持这些方法几周，直到结束时能准确地重新画出该周内每天画的图画。

（4）如何记住你的旅游鞋。找一双鞋，最好是你自己的旅游鞋。仔细研究5分钟，仿佛你从未见过这样的鞋。记住，你正努力将所看到的一切存到记忆当中，所以要看仔细了。

5分钟之后，把鞋收起来，回忆你刚刚看到的一切。你已经忘掉了多少？歇息片刻。

15分钟之后，回忆上次对鞋子的记忆，又忘掉了多少？

当你回忆上次对鞋子的记忆时，要记住15分钟之后你还将对这次记忆进行回忆。休息片刻。

然后，15分钟之后，回想上次对鞋子的回忆。这次回忆与上次的记忆相比又忘掉多少？

2.通过音乐获得超级记忆力

当你需要研究和学习某一特别的知识体系，比如外语、备试材料，或任何你希望理解的崭新的、复杂的东西时，就进行这种锻炼。进行这种锻炼时，一方面你放"巴洛克式"的音乐，使身心放松，不断地放听；另一方面，你需要有人大声地向你读出材料，或者采取事先自己将声音录制下来，或播放光盘记录的英语文章和单词等方式，来放给自己听。比如你想掌握更多的外语词汇，或者提高母语的遣词造句能力，就可这样提高记忆力。

← 把握记忆三步骤

记下任何东西的第一个步骤都是识记。

下课铃声响了，老师在布置课后作业，回家后，你发现你竟然不知道老师到底让做哪些习题。

你忘记了哪些作业？

错！你并没有忘记，而是你根本没记过老师说的话。你听到了老师在讲却没有记下，因为当时你只顾着准备下一节课的作业检查。你没有留意，又怎么可能记得住呢？

第一步：识记

识记是一种输入形式。如果你因为没有注意而没有输入，即没有将信息存进大脑，那就等于没有记忆的对象。又怎么去记忆呢？记录你想要记下的东西是十分重要的。要知道，在大多数情况下，我们记不住别人的名字是因为没有注意。

注意力集中是记录的另一种方式。不分散注意力，不要焦虑，心情放松，这些因素都能使你注意力集中。如果你记不住，不要责怪你的记忆，只能怪你做不到注意力集中。

如果你记录下名字、事实、技术，你就得把他们储存下来为将来备用，这种有效的储存就叫保持。比如你星期四晚上有个重要的聚会，你就把这条信息储存下来。你的记忆好比是一个仓库，你把一些事件储存在你的记忆库中，可是想象一下，要在这个仓库中找出那张上面记录你的约会地点和时间的小纸片，何其艰难！但你又不能把所有的东西都堆进去，因此我们需要一些设施来帮助我们记忆事先已存储起来的一些信息。所以井井有条的人总是比没有秩序的人能更好地记忆信息。如果恰好星期四晚上你妈妈要去打保龄球。"我可以等妈妈走后再去聚会。"这样，你通过把约会时间和你妈妈打保龄球联系起来，就很容易地记住了这件事。

第二步：记忆的保持

记忆的保持，可以通过观察、联系和重复来加强。若想记住一个名词、价格、姓名，回忆一两遍还不能做到很好保持，就必须不断练习，回顾才能准确记住。有规律地经常运用一些信息也是有效记忆的方法。比如能同时抛三个球的艺人，不是一掌握这个技艺就停止训练了，他仍然继续练习，希望能够保持并且提高。如果你想保持记忆的话，你也应该经常回忆已记录下的信息。

第三步：记忆的检索

检索记忆是为了找出记忆库中储存的信息。当我们记得一件事，把它从记忆中搜寻出来，这时，如果我们的记忆是分门别类的，就像我们当初井井有条地储存它们时那样，这个搜寻的过程就会容易得多。

比如，你和你的朋友都很喜欢看的一部电影叫《歌剧院的幽灵》，在你的记忆中，这部电影的名字可能会与歌剧或是你朋友的名字联系在一起。当你想回忆起这部电影时，你朋友的名字可能就为你提供了一个很好的线索，这种线索的功能其实和图书管理员通过记忆关键字来查询资料的"检索"是一个道理。

← 记忆信息的整理和提取

我们的永久记忆实际上是一个容量大得不可想象的记忆库。将信息储存在这个记忆库中的过程就是记忆编译的过程。当我们想记住名字、数字、事实的时候，我们每个人都有各种编译的方法。集中注意，联系别的事物，运用理由、分析、说明，这仅仅是其中的一些。如果你感兴趣，你会格外注意加强你的短期记忆，而后转入永久记忆中。你还会分析细节，把信息与你已经知道的东西相联系。

1.四种卓有成效的信息整理法

（1）找一个有趣的角度。对你要记住的东西感兴趣至关重要，你不能期望你读到或看到的东西都会自动进入你的记忆。如果你在读书，或在与人交谈，试着找出有趣的角度和事情。你越感兴趣，信息在你的脑中就会粘得越牢固。如果你在读一本很难的书，你也许会突然想起要去买一些很重要的东西。避免这种分散精力的方法是：看书时，在一边放一支笔和一张纸，如果你突然想起别的事情，写在纸上，这样你就不会再去想它，而会让注意力重新回到你在读的书上。

（2）集中精力。注意力也会受兴趣的影响，去注意那些让你感兴趣的事。我们的记忆中漂浮着很多零散的信息，他们都在互相竞争，想在短期记忆中占有一席之地。我们短期记忆的储存量很小。如果我们对某条信息稍微不注意，它也许永远不会成为记忆。我们必须选择将那些重要信息转为永久记忆，然后把注意力转向它们，逐渐加深印象。

（3）添加细节。细节联系也是记忆编译信息的一种方法。比如，有人介绍许凤给你认识，那么你在与她谈话的过程中就会给许凤这个名字加入另外一些信息：她姓许，头发染成了棕色，她戴眼镜，她在北京大学读法律专业，她的名是凤而不是枫等。你联系的细节越多，对这个名字的印象就越深。

（4）联系起你已经知道的东西。我们都经常把新信息与旧信息不自觉地联系起来。比如有人介绍徐凤给你认识，可以把这个人和你已经认识的许凤联系起来。他们有什么相似之处？他们的发型、脸形、身高、声音都有什么不同等。

2.如何找出所要的信息

记住一个人的相貌要比记住她的名字要容易得多。那是因为名字不如相貌那么好辨认，要想记名字就要用回顾的方法。一个人的相貌会有很多具体的表象：鼻子、嘴、脸形等。认出相貌的方法就是识别。

在公安局，要回忆起一个人的样子恐怕比认出一个人的样子要困难得多。有时一个证人努力回忆歹徒的样子，警察们根据他的回忆来画出歹徒的模样。这样画出来的样子可能像也可能不像。然而如果让犯罪嫌疑人站成一排，让目击者辨认的话，肯定一眼就能够辨认出来，而且不会有错。回忆一个人的面容要比辨认一个人的面容要困难得多。

名字则是抽象的。张三、李四这样的名字不能给人视觉上的感受，也不能提供给我们一个画面。你应该从来没听人这么说过："我记得你的名字，可不记得你长什么样儿了。"因此，记住名字比记住面容难，因为记名字需要用回顾的方法，把名字从记忆库中、从成百上千个名字中找出来，而面容的识别只要能辨认出来就可以了。

3.如何提高回顾和识别的能力

提高回顾和识别的能力有秘密吗？以前有人提出的方法大多都太复杂，多数人都不愿意去做。下面我们列举的几种方法其实就很有效：

（1）告诉你自己你为什么要记住这些事，有什么意义。

（2）联系是十分重要的记忆工具，将新信息与旧信息联系起来。

（3）视觉形象，看见一样东西，你可以想象这个东西的名字就贴在上面。看见一个人就可以想象她的名字做成的卡片。

（4）时时回忆，时时重复，时时练习。你不能期望只见到某件东西或某个人一次，就苛求自己下次马上回忆起来，你必须坚持隔一段时间就回忆一次来加深记忆才行。

用这些方法就能提高你回忆和识别的能力。

← 非常测试：测测你的长时记忆力

准备以下材料，测验你的长时记忆。

第一：

书　烟灰缸　奶牛　大衣　火柴　剃刀　苹果　钱包　软百叶窗　煎锅钟　眼镜　门把　瓶子　蚯蚓

将上述代表 15 件物体的字用大约 2 分钟的时间读一遍。然后，争取不看书，将它们完全按原来顺序写出来。不妨给自己打打分。

第二：

用大约 3 分钟记住下列 20 件物体，然后争取不看书将它们列举出来，但同时还要记住与这个物体相对应的序号。

1.收银机 2.飞机 3.灯 4.香烟 5.图画 6.电话 7.椅子 8.马 9.蛋 10.茶杯 11.衣服 12.花 13.窗台 14.香水 15.书 16.蛋糕 17.铅笔 18.窗帘 19.花瓶 20.帽子

第三：

用大约 1 分半钟读下列 10 个数字。然后取一张纸，凭记忆将它们写出。自己给自己打分。

62　55　31　78　72　20　83　99　75　64

第四：

想象有人从一副洗好的纸牌中抽去 5 张，其余的 49 张都只报给你听一次。你能通过记忆说出哪 5 张没有报过或是遗漏了吗？请用 4 分钟的时间记忆出来。

第五：

下面是随机的 36 个数字要求准确无误地按顺序记下来，检查一下需要多长时间能把这些数字记住。

457896129658743528964186548521397564

做完这些测验后，你万不可为自己分数不高而感到沮丧，也不要难为情。这是正常事情，它说明你的记忆力有待增强。通过掌握一定的方法，通过长期的、有意识的训练，你是完全可以提高记忆力的。

第二章
注意！没有注意就没有记忆

　　记忆时只要聚精会神、专心致志，排除杂念和外界的干扰，大脑皮层就会留下深刻的记忆痕迹而不易被遗忘。如果精神涣散、一心二用，就会大大降低记忆效率。

← 原理：只产生一个兴奋中心

19 世纪俄国教育家乌申斯基说："注意是唯一的窗户，只有经过这个门户，外在世界的印象才能在心里引起感觉来。如果印象不把我们的注意集中在它身上，那么，虽然它也可以影响我们的机体，但我们是不会意识到这些影响的。"

可见，没有注意就没有记忆，而在学习中，只有全神贯注、专心致志才会有强记忆力。那些善于集中注意力的人，就等于给自己打开了智慧的大门，让知识源源不断地进来；否则，就是拒各种信息于"大门"之外。

我们通常所说的全神贯注地听讲、聚精会神地做实验，以及专心致志地思考问题，都是"注意"的表现形式。人在醒着的时候，几乎永远都是把注意力自觉或不自觉地集中在某种事物上。

实践证明，对不注意的材料不仅不能记住，甚至不能觉察到它的存在。我们常对一些事物"视而不见，听而不闻"，就是感知时不注意或注意不够造成的。

人的大脑有个特点，刺激得越强烈，留下的记忆就越鲜明，保存的信号也就越长久。

他在注意某一事物时，大脑皮层就会在相应部位上产生一个优势兴奋中心，所有的神经细胞都要为它"服务"。这种"全力以赴"的结果，使留下的痕迹明显；相反的，如果大脑皮层同时有两个以上兴奋中心，就必然出现注意力分散的现象，这时对事物的理解和记忆就会受到干扰，进而破坏大脑的记忆的规律，记忆效果肯定不好。

因此，我们要培养起全神贯注、专心致志的记忆习惯。朱熹说："心不在此，则看不仔细，心眼既不专一，只浪漫诵读，却不能记，记亦不能久也。"意思是：心不在焉地学习，眼睛看得不仔细，就不能够专心思考，没有心思的随便朗诵也不能够记住，即使记住了，也不会持久。

镁光灯之所以能照得远而且亮，是因为光束集中。记忆也是一样，只有集中注意力进行记忆才能记得住、记得牢。

注意力不集中是记忆的大敌。全神贯注记忆法即高度集中全部的注意力指向材料进行记忆的方法。它有很多明显的优势。

1.高度注意保证记忆内容

高度的注意可以使心理活动指向那些有意义的、符合需要的、与当前活动相一致的各种刺激，同时避开或抑制那些无意义的、附加的、与当前活动相干扰的各种刺激。全神贯注，能使学习者、思考者尽量完全地沉浸在"目标场"中，这样可以有效地排除干扰，避免"思维"浪费，尽早实现突破性的结果。同时，全神贯注的过程，也是最大范围、最深化地调动思维能量的过程。在这样的过程中，人头脑中各种知识、能力的储存和潜在作用，会充分得以发挥，从而帮助记忆。从心理学的角度来说，记忆分无意识记忆和有意识记忆两种，对于系统的知识，特别是系统的科学知识，绝不是单凭"无意识记"就能掌握的。在事前有明确的目的，并在进行中作出积极的努力，才是"有意识记"。也就是说，集中注意地、自觉地和积极思考着阅读两遍课文，比漫不经心地读十遍课文要记得多。

2.高度的注意也可以保证记忆的持续性

当外界的大量信息通过感知进入大脑之后，大脑还要对它们进行编码储存，如果这个阶段不能对信息继续注意，它很快就会消失。注意贯穿整个记忆过程，对感知、记忆、思维、想象等心理活动起着积极的组织和维持作用，它使客观事物在我们的头脑中反映得更加清晰、完整，记忆得更加扎实、深刻。

经历过学生时代的人都知道，如果你上课时处于极好状态，下课能将大脑中的那些知识点下意识地说出来，这样会提高你上课的效率和知识面。利用好课堂上的 45 分钟，回去后无需过多时间就能熟练掌握，事半功倍，做题复习效率也极高；反之只能事倍功半，花去大量时间，还容易丢三落四，知识掌握不完全、不熟练，对做题和今后复习造成隐患。当然，这不是说整个听课和学习时间时的神经都要绷得紧紧的，而是要紧跟老师的思路，抓住知识要点。不管是听课还是自习，都要一心一意。

训练：如何集中你的注意力

当你面对一件对你来说生死攸关的事情时，你的注意力就会全部集中到这件事上。这说明人依靠自身的能力，能够控制自己的大脑，使其高效地工作。

集中注意力作为一种特殊的素质和能力，可以通过训练来获得。那么，训练自己注意力、提高自己专心致志的素质的方法有哪些呢？

1.培养条理性习惯

作为训练自己注意力的最初阶段，做一件事情之前，首先要清除书桌上全部无关的东西。然后，使自己迅速进入主题。如果你能够做到1分钟之内没有杂念，进入主题，你就了不起。如果你半分钟就能进入主题，就更了不起。如果你一坐在那里，10秒、5秒，当下就进入，那就是天才，那就是效率。有的人说，自己复习功课用了4个小时，其实那4个小时大多数因在散漫中、低效率中度过而显得没有用。反之，你开始学习，一坐在那里，与此无关的全部内容置之脑外，这就是高效率。

2.做些放松训练

舒适地坐在椅子上或躺在床上，然后向身体的各部位传递休息的信息。先从左脚开始，使脚部肌肉绷紧，然后松弛，同时暗示它休息，随后命令脚脖子、小腿、膝盖、大腿，一直到躯干部休息，之后，再从脚到躯干，然后从左右手放松到躯干。这时，再从躯干开始到颈部、到头部、脸部全部放松。

这种放松训练的技术，需要反复练习才能较好地掌握，而一旦你掌握了这种技术，会使你在短短的几分钟内，达到轻松、平静的状态。

3.做些集中注意力的训练

数学家杨乐、张广厚小时候都曾采用过快速做习题的办法，来严格训练自己的集中注意力。这里给大家介绍一种在心理学中用来锻炼注意力的小游戏。在一张有 25 个小方格的表中，将 1~25 的数字打乱顺序，填写在里面，然后以最快的速度从 1 数到 25，要边读边指出，同时计时。

研究表明：7~8 岁儿童按顺序找到每张图表上的数字的时间是 30~50 秒，平均 40~42 秒；正常成年人看一张图表的时间大约是 25~30 秒，有些人可以缩短到十几秒。你可以自己多制作几张这样的训练表，每天训练一遍，相信你的注意力水平一定会逐步提高。

4.运用积极目标的力量

军事上，把兵力漫无目标地分散开，被敌人各个围歼，是败军之将。这与我们在学习、工作和事业中一样，将自己的精力漫无目标地散漫一片、注意力到处分散一样，永远是一个失败的人物。学会在需要的任何时候将自己的力量集中起来，注意力集中起来，这是一个成功者的天才品质。培养这种品质的第一个方法，是要有这样的目标。

这种方法的含义是什么？就是当你给自己设定了一个要自觉提高自己注意力和专心能力的目标时，你就会发现，你在非常短的时间内，集中注意力这种能力有了迅速的发展和变化。

你要在训练中完成这个进步。要有一个目标，就是从现在开始比过去善于集中注意力。不论做任何事情，一旦进入就能够迅速地不受干扰，这是非常重要的。比如，你今天如果对自己有这个要求，我要在注意力高度集中的情况下，将这一讲的内容基本上一次就都记忆下来。当你有了这样一个训练目标时，你的注意力本身就会高度集中，你就会排除干扰。

5.培养对专心素质的自信

要有能够做到专心致志的信心。只要你有这个自信心，相信自己可以具备迅速提高注意力集中的能力，能够掌握专心这样一种方法，你就能具备这种素质。我们都是正常人、健康人，只要我们下定决心，不受干扰，排除干扰，我们肯定可以做到注意力的高度集中。

6.训练排除外界干扰的能力

要在排除干扰中训练排除干扰的能力。毛泽东在年轻的时候为了训练自己注意力集中的能力，曾经给自己立下这样一个训练科目：到城门洞里、车水马龙之处读书。为了什么？就是为了训练自己的抗干扰能力。我们一定知道，一些优秀的军事家在炮火连天的情况下，依然能够非常沉静地、注意力高度集中地在指挥中心判断战略战术的选择和取向。生死的危险就悬在头上，可是还要能够排除这种威胁对你的干扰，来判断军事上如何部署。这种抗拒环境干扰的能力，需要训练。

7.训练排除内心的干扰

你周围的环境已经很安静，但内心却有一种骚动，有一种干扰自己的情绪活动，有一种与这个学习不相关的兴奋。对各种各样的情绪活动，要善于将它们放下来，予以排除。这时候，你要学会将自己的身体坐端正，将身体放松下来，将整个面部表情放松下来，也就是将内心各种情绪的干扰随同这个身体的放松都放到一边。

内心的干扰往往比环境的干扰更严重。若你还是不能放松、静下心来的话，就去想想你的人生目标，想想自己还有好多大事小事没有干成，但这些需要你具备这种事到临头能够集中自己注意力的素质和能力。经过内心的提醒和暗示，你会慢慢地将注意力集中起来。

8.训练处理学习与休息的能力

"该学就学，该玩就玩"，很普通的一句话，藏着很深的道理。玩过了，精神放松了，然后才能集中精力专心学习。把学习的时间拉得越长，就越容易疲倦，精神也跟着涣散了，结果既学不好也玩不好。人的注意力是有一定的时间长度的。

不妨从现在开始，集中1小时的精力，背诵80个英语单词，看自己能不能背诵下来。高度地集中注意力，尝试着把这些单词记下来。学习完了，再休息，再玩耍。当需要再次进入学习的时候，又能高度集中注意力，这叫张弛有道。一定要训练这个能力。永远不要熬时间，永远不要折磨自己。一定要善于在短时间内一下把注意力集中，高效率地学习。要这样训练自己：安静的时候，像一棵树；行动的时候，像闪电雷霆；休息的时候，像流水一样散漫；学习的时候，像军事上实施进攻一样集中优势兵力。这样的训练才能使自己越来越具备注意力集中的能力。

9.对感官的全部训练

德国伟大的哲学家康德，每当坐在书房里，沉浸在思考中时，他的目光一定会锁定在窗户外的风车杆的尖端某点上。此时的他，一边专心地注视，一边思考问题。用这种方法，康德写出了诸如《纯粹理性批判》《实践理性批判》《判断力批判》等伟大的著作。康德用的是什么玄奥方法呢？其实方法一点也不深奥，道理非常简单。当人集中精神注视某一点时，视野就变得越来越小了。视野外的可以分散精神的东西也便没有了，从而使意识分散的范围也变狭窄了，人的心境便会宁静而踏实，精神就会集中。

在清理了外界和内心的杂乱之后，我们可以进行视觉、听觉等感觉方方面面的类似训练。你可以学习康德在视觉中一段时间内盯视一个目标，而不被其他的图像所转移。你也可以训练在一段时间内虽然有万千种声音，但是你能集中聆听一种声音。比如在繁杂的乐曲声中去捕捉吉他的曼妙，你也可以在整个世界中只感觉太阳的存在或者只感觉月亮的存在，或者只感觉周围空气的温度。这种感觉上的专心训练是进行注意力训练的有用的技术手段。

← 应用：要注意三个问题

（1）注意力高度集中后，还要根据记忆的内容联系其他能力（观察力、想象力、思维力等），并利用各种能力的协同作用提高记忆效果。有了浓厚的学习兴趣和求知欲望，我们就能全神贯注地把精力集中在记忆上，同时把听、读和写等多种运动结合起来进行记忆，进而达到注意力集中地多种感官并用。注意是记忆的基础，注意力集中，才能使记忆的内容在大脑中留下较深的痕迹而记得牢。如果注意力分散或想别的事情，就会相互干扰，易造成遗忘。

（2）学习和研究往往是自觉地或受指令地，或偶发性地确定目标的活动。当目标确定或基本确定之后，需要的主要是对于目标及其相关条件、实现手段、方式、途径等围绕目标这一中心的相关因素的集中思考，从中寻求解决。也就是说，记忆时必须目的、任务明确，一心一意。明确的目标和任务能触发内心表现自我的需要，激发学习动机，全神贯注地去识记。不要在学习的同时干其他事或想其他事。一心不能二用的道理谁都明白，可还是有许多人在边背诵边听音乐。或许你会说听音乐是放松神经的好办法，那么你尽可以专心地学习 1 小时后全身放松地听 15 分钟音乐，这样比在音乐中记忆的效果好多了。

（3）全神贯注方法在运用中要有钻得进、跳得出的本领。即形成集中注意力之后，又要防止走进死胡同。不能忽视了所记内容的意义，而只一味地集中在字面上，要不然，所谓"集中"就在本质上失去了意义。

← 非常测试：测测你的注意力

准备工作：一张白纸，在纸上画一个比较大的正方形方框（大小可接近整张纸的面积）。请别人在正中写下一个较大的"1"，然后再均匀地、随机地从 2 写到 100。

测试开始之前，准备好一支笔和一只手表，并找一个人来当计时员。

准备好以后，可让计时员发令"开始"，你用笔从 1 开始，按 1、2、3、4……的顺序依次连接。计时员要每隔 2 分钟发出 1 次"画圈"的命令，此时你应立即在当时所连的数字上画一个圈，然后马上接着连下去，连的时候要尽可能地快，但必须按顺序连，不可漏连数字。

到 12 分钟时，计时员发完第 6 次"画圈"的命令后，再立即发 1 次"停笔"的命令。

将你画圈的数字及每 2 分钟所连数字的个数，后 1 个画圈数与前 1 个画圈的数之差列在下表内。

画圈次数表

画圈次数	1	2	3	4	5	6
画圈的数字						
每次连字的个数						

4 种典型注意力曲线图及分析（图 2-1~4）。

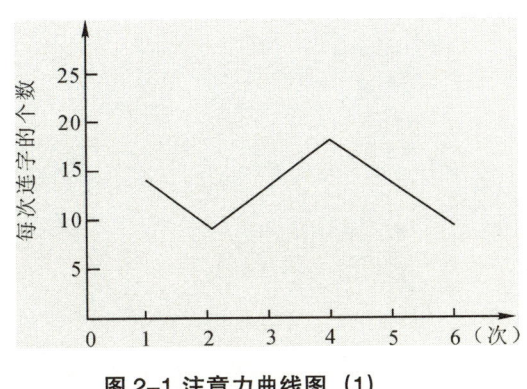

图 2-1 注意力曲线图（1）

分析：由于注意力任务的需要，注意力相当集中，效率较高；以后大脑皮质的注意兴奋中心开始扩散，注意力下降，效率降低。但由于任务尚未完成，你的意志强化了对注意力的控制，有效地克服了注意力不集中的表现，效率又开始回升。当集中持续了一段时间以后，手、眼、脑等职能器官显出某种疲劳，从而加速了大脑皮质注意兴奋中心的扩散和对注意力兴奋抑制，于是效率又开始下降。到一定程度后，注意力就很难再集中了，于是接下去就是较紊乱的波状。

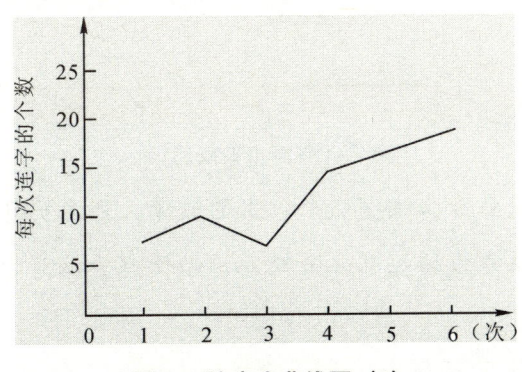

图 2-2 注意力曲线图（2）

分析：你第一次连字的个数少于第二次连字的个数，说明你注意力转移的速度较慢，在对一个问题集中注意力时，常常有一段时间的准备和适应的过程。

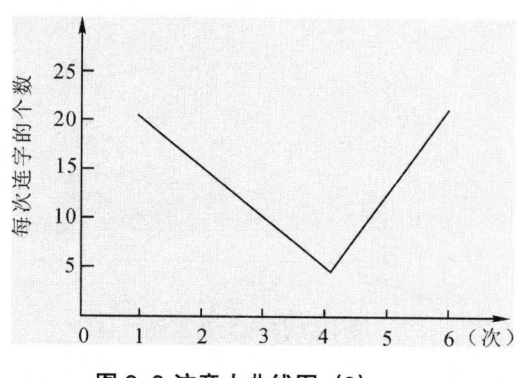

图2-3 注意力曲线图 (3)

分析：注意力曲线或许只有1个波峰，这说明你的注意力集中时间持续较长，即你通过意志控制注意的时间大于12分钟，很有潜力。

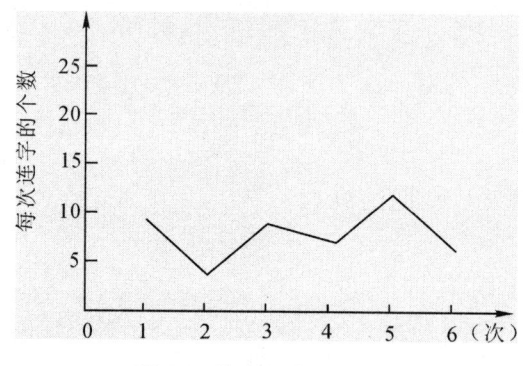

图2-4 注意力曲线图(4)

分析：你的注意力曲线有2个以上的波峰，则说明你的注意力集中时间较短，意志对注意力的控制效果较差，而使有意注意的效率产生较不稳定的波动。

接下来，再看看你最后画圈的数字是多少，数字越大，说明你有意注意的效率越高。

（1）下面是我们随便选的 10 个词，看 3 分钟后合上书，你能记住多少？

老虎，王子，车轮，图画，西服，卡片，铅笔，椅子，台灯，雾

（2）再看下面选出的 12 个词，看看你能想起哪些？做之前先合上书。

表格，台灯，桌子，港币，图表，西服，照片，轮胎，王子，灯，椅子，雾

第三章
重复记忆法：与遗忘说再见

　　人脑所记忆的东西，会被逐渐淡忘。记忆得越肤浅，淡忘得越快；记忆得越深刻，淡忘得越慢。"重复是学习之母"，记忆是在反复中进行的，重复是同遗忘作斗争的最有力的武器之一。重复学习不仅有修补、巩固记忆的作用，还可以加深理解。

← 原理：重复就是和遗忘作斗争

遗忘是记忆的大敌，它使记忆痕迹逐渐淡漠甚至消失。通过重复则可以加强大脑皮层的痕迹，从而达到加深对所记内容的理解、修补和巩固记忆的目的。如果学习、记忆的程度达到150%，将会使记忆得到强化，可以使学习过的内容经久不忘。很多知识在初学的时候，难免不深刻、不全面，把握不住知识的内在联系。往后，随着学习的内容增多，通过重复就可以把前后的知识条理化、系统化，这样就理解得更透彻了。

重复与淡忘的关系：一是重复的次数越多，忘得越慢；二是遗忘的速度并不简单地与时间间隔成正比，而是先快后慢。淡忘与时间有关。一个大学生毕业后10年内不与任何同学来往，他会把许多同学的名字忘掉。一个高中毕业的农民，在5年之内不读书、不看报、不写字，便会提笔忘字。

保存量与复述次数的关系图：

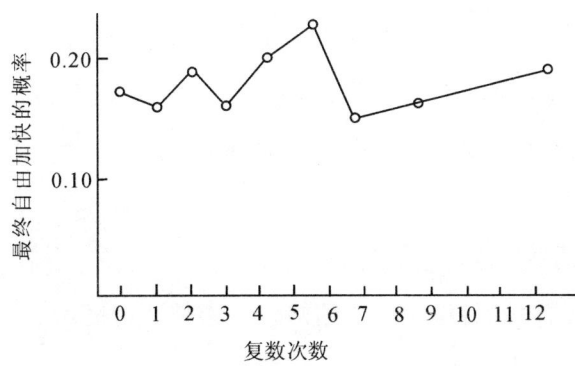

1.重复就像记忆的发动机

记忆是对经历过的事物记得住并能再现的认识活动。它包括识记、保持、再现、再认四个方面。记忆的深浅不仅与刺激的强度有关，也与重复的次数直接相关。在一定条件下，重复的次数越多，记忆就越深刻。每周一歌或电视剧插曲，刚听第一遍时感到陌生，然而一周下来，便基本会唱了。刚接受新知识时需要重复，否则印象太浅，不会在脑中产生记忆效果。这就像没有闸的汽车，一直爬到坡顶才能站稳，半坡上熄火就容易溜下来。重复好像发动机，应该把记忆的载重车推上有利于保持信息的"坡顶"，再暂告歇息。

2.重复记忆是强化识记和保持的思维工具

衡量一个人记忆的好坏有四个指标：①记忆的敏捷性，指记忆的速度。②记忆的持久性，指记住的东西保持时间的长短。③记忆的正确性，指记忆的东西准确地再现出来。④记忆的备用性，能够把记忆中所保持的东西在需要的时候再现出来。要做到识记和保持，克服遗忘，最有效的方法就是重复记忆。

3.重复记忆是从识记和保持到再现和再认的桥梁

记忆是科学创造的重要心理条件。前人的经验是前人实践活动的总结和概括，又是后人进行科学创造的基础。科学工作者博学多识、博闻强记，才能在前人研究工作的基础上确立自己的创造方向。当代科学技术突飞猛进，"知识爆炸"与知识老化加快，知识更新迅速，这要求人们具有良好的记忆力，不断学习新知识，及时吸取最新科学成果，才能更好地进行科学创造。可见，重复记忆不仅促进人们记忆和保持记忆，而且是人们很快再现和再认识（再创造）的桥梁与纽带。

4.重复记忆是增强记忆力的助手

要使书中的知识活化为自己的知识，必须从记忆入手。马克思有一个习惯，就是隔一些时候就要重读一次他的笔记本和书上做记号的地方，来巩固他的记忆。捷克著名的教育家夸美纽斯指出："记忆不应当得到休息，因为没有一种能力比它更易动作。你要每天找点东西给记忆一下，因为你愈是多给它记，它便愈能诚实地记住；你愈少给，它便记得愈不诚实。"人脑需要不断训练，大脑越用越灵，谁不长期训练大脑，谁就会变得迟钝、健忘。这充分说明，重复记忆思维方法是提高记忆、增强记忆力、锻炼记忆力、发展记忆力的最诚实的朋友和助手。

← 训练：组织有效的复习

重复在保持记忆中有很大的作用。因为刺激物的重复出现是短时记忆向长时记忆转化的条件，没有复述的信息是不可能进入长时记忆的。

在实际学习中，要科学地安排重复的次数和时间间隔。一般说来，对于复杂难记的内容，重复次数要多些。重复最好在记忆将要消失的时候进行，且重复间隔时间由短渐长，这样就能达到事半功倍的效果。

有研究表明：记忆的第二天遗忘率最高，50%左右，也就是第二天你可能会忘记你所记忆的 50%，第三天 30%左右，第四天 10%左右。

由此可见，第一次复习应该及时，新学习的内容最好在 12 小时之内复习一下，抓住记忆还比较清楚、脑子中记忆的信息量还多的时候进行强化。第二次复习时间间隔可以稍长，比如两天。再往后，间隔可以更长，比如依次为一周、半月、一月、半年、一年、几年。复习所用的时间也会依次缩短，甚至只要用眼或耳过一遍就行。

这样先重后轻、先密后疏地安排复习，效果极佳。针对这点，你可以每天在记忆新东西前，先重复记忆昨天的知识点（大概花 30 分钟左右）和前天、前前天的知识点（各花 10 分钟左右。其实是认真地浏览一遍）。这样，每天的知识点就在以后的三天内被重复记忆（在笔记本上标注学习的日期）。在周末还可以把上周的知识点也快速地浏览一遍。你会发现这个方法特别奏效，知识点都能牢牢记住，一个月前记忆的东西现在脑海中还十分清晰。每天所花时间也不很多，只是有点麻烦，最重要的是要形成习惯。如果这个方法在时间的分配上还不怎么合理，则可以根据自己的实际情况调整。

那么，是不是重复的次数越多越好呢？心理学家一般认为超度学习以50%为有限效度，就是在刚能正确背诵时，再用50%的时间来记忆是有效地超度重复。超过这个限度，就可能受注意分散、厌倦、疲劳等不良因素的干扰而产生副作用。

← 应用：在学习和生活中别忘了重复记忆

许多同学为了应付考试，喜欢搞临阵磨枪，这样突击学习的知识多达不到永久记忆的目的，往往是记得快忘得也快，就像狗熊掰棒子，虽然掰得很多，但最后所剩无几。科学的做法是：对于基础性的、必须内储的知识，尽量早日融会贯通，并适时安排复习；对临时应付性的、没有必要长期内储的知识搞临阵磨枪。

还有许多同学在学习内容的安排上有一种惰性，知新时便忘记了温故；复习某一门课程时，便把其他课程忘在一边。这种做法也不可取。这是因为，当你专注于复习或学习某一门课程时，其他课程的内容因搁置太久而几乎忘光了，再复习时不免要花费许多时间和精力。如果适时安排复习，则既省时又省力。复习就像打扫覆在记忆上的灰尘一样，灰尘很少时，一吹即掉；灰尘很多时，虽用水洗也难见本色。

科学的做法是：各科知识学习齐头并进，复习也齐头并进。在复习时，第一遍先粗线条地记忆基本概念、基本理论、基本方法，通过系统归纳，使之网络化，并记忆在头脑里；第二遍做书中的例题，做完后与书上的题相对照，力争"一步不少，一字不落"；第三遍做书上的习题，达到一看即懂的程度。此后，再去选做一些参考书上的习题。这样才能收到满意的效果，提高你的记忆力，让你受益匪浅。

重复记忆是最常用的记忆方法之一，适用于一切材料的记忆。它仅在一般学习中使用，而且人们在日常生活中也大有用场。例如，受托办几件事情，可以重复为："买书，传信……"与人初次见面时，对方告知手机号，你往往采取重复的方式："哦，139……"重复别人的姓名不仅可以加深对此人的印象，而且在极自然的重复中含有对别人重视的意思，一下就缩短了距离。如对方与你约会："下周二，下午 2:00，中山公园门前见。"则重复表述为："对！下周二是 13 号，下午 2:00，中山公园门前。不见不散。"

重复记忆法也适用于年幼的孩子，目的是培养孩子的记忆力。家长完全不必担心孩子会对此产生厌恶情绪，因为孩子本来就喜欢重复。同一个故事他可以百听不厌。当然，你在重复的时候，可以采取一些变化，比如，边讲故事边做手势，或者边讲故事边向孩子提问题，甚至可以让孩子接着讲或背，以提高孩子的兴趣，提高记忆效果。

请用重复的方法背诵下面这篇短文。

大树

路边有棵很高很大的树，树顶似乎已溶入了天空的蔚蓝。

有人从树下走过，惊奇于它的高大，失声赞美道："多美的树啊！"然后，继续自己的行程。

第二个人走过，也被这树的美打动，不过他没有开口，没有停留。

第三个人又走过去了，可他甚至没有注意到这树的存在。

终于，过来两个狂人。其中一个人想爬上树去，可在眼看就要爬到树顶的时候跌了下来，跌破了脑袋。其时有人看了看，他的脑袋里什么也没有。

他的同伴也力图爬上树去。由于比前一个人有更多的狡猾和更多的韧性，他最终爬到了树顶。从那里，他俯瞰世界——原来是极小的，极小极小的，躺在他的脚下！

于是，这世界宣告他是天才。

继续走过许多的人。他们像最初一个人那样，停留片刻，赞叹天才："跌下来的那人或许也是一位天才，不过命运不曾恩泽于他罢了。"

这些人是有知识的。

又走过更多的人。他们像第二个人那样，不说什么，也不停留，只愤愤地想道："也许那到达树顶的人跟跌下来的人是一样的狂人，不过命运厚待于他罢了。"

这些人是聪明的。

又走过无数的人。他们像第三个人那样，继续他们的行程，想也不想，根本无视天才或狂人的存在。

这些人是绝大多数。这些人正是建设着或破坏着的人，因为这大地是他们的呀！

第四章
目标记忆法：目标是记忆的导航灯

记忆的效果和记忆的目的有密切的关系。在其他条件相同的情况下，记忆的目的越明确，记忆的效率就越高。从材料保持的数量来说，有目的的记忆记住得多，盲目记忆记住得少。从材料保持的质量来说，有目的记忆的知识较为系统，而无目的记忆的知识较为零散。

← 原理：意图是所有记忆和忘记的基础

记忆的效果和记忆的目的有密切的关系。在其他条件相同的情况下，记忆的目的越明确，记忆的效率就越高。弗洛伊德这样说过："意图是所有记忆和忘记的基础。人们所记忆的事物，应该是自己想要记忆的事物，所要忘记的事物，也应该是自己想要忘记的事物。"

1.从材料保持的数量来说

有目的的记忆记住得多，盲目记忆记住得少，有目的的记忆就是有意记忆。由于事先有预定记忆目标，并且能运用记忆方法，记忆效果自然要好得多。

2.从材料保持的时间来看

目的明确的记忆持久，目的模糊的记忆短暂。经验证明，记忆的持久性，即记住的东西在头脑中保持时间的长短，在一定程度取决于我们记住它们时，是想长期记住还是短期记住。

3.从材料保持的质量来说

有目的记忆的知识较为系统，而无目的记忆的知识较为零散。许多人的学习和实践经验表明，如果没有明确的记忆目标，很难记住一种有系统的知识。那些通过无意识记忆保持的知识，无论怎样生动，怎样鲜明，怎样牢固，毕竟只具有片段的性质，有一定程度的偶然性。无目的无意图的记忆，完全取决于外界刺激的强弱，不可能形成有系统有组织的知识，它常常使最重要、最有价值、最值得记忆的东西置于脑后，而把没有实际意义的知识记住了。

也就是说，无意识记忆的知识比有意识记忆的知识在质量上要差得多。

	有目的的记忆	无目的的记忆
材料保持的数量	多	少
材料保持的时间	持久	短暂
材料保持的质量	系统	零散

不同的记忆目标，也会有不同的记忆效果。有一项实验是向两组学生提出要在相同时间里记住一段课文。对甲组学生说，第二天要检查；对乙组学生说，一周后要检查。但实际上两组都是两周后检查的。结果证明，乙组学生的记忆效果好。这样的例子还有很多。有一个大学生，花了很大工夫背课堂笔记准备考试，同时他觉得毫不费力地读了好几本书，为的是写一篇他感兴趣的论文。毕业以后，他下苦工背的那些笔记很快地忘了，但他为了写论文看的那些书却还记得不少。

这说明，光有目的还不行，提出的目的还应该是长远的、有意义、有价值、有一定难度的。记忆目标是由记忆目的决定的。要确定记忆目标，首先要明确记忆的目的，即为了什么去进行记忆，然后根据记忆目的确定具体的记忆任务，并安排好记忆进程。对于较复杂的、需要较长时间来进行记忆的对象来说，应把制定长远目标和制定短期目标相结合，把长远目标分成若干不同的短期目标，通过跨越一个个短期目标去实现长远目标。

明确目标记忆，主要不是一个记忆的技巧问题，而是人的记忆动机、态度、意志的问题。在强大的动机支配下，用认真的态度和坚强的意志去记忆，这就是明确目标记忆的实质。学生懂得记忆的意义后，便会开始对记忆产生积极的态度。

← 训练：设定明确的记忆目标

毛泽东阐述人的自觉性行为时指出：人和蜜蜂不同的地方，就是人在建筑房屋之前早在思想中有了房屋的图纸，而蜜蜂世世代代建造自己的蜂巢无任何改进，就是因为造"房"之前，头脑中无"图纸"。实验证明，有无明确的记忆目标，有什么样的记忆目标，对记忆的结果影响甚大。学习目标明确，注意力集中，有较高的自觉性和积极性，大脑细胞处于强烈的兴奋状态，从而产生深刻的印象，记得快且牢固。

1.设立目标

宋朝有个读书人叫陈正之，他看书看得特别快。抓住一本书，就一个劲地赶着往下读，一目十行，囫囵吞枣。他读了一本又一本，花费了很多时间和精力，可是效果很差：读过的书像过眼烟云，很快就忘记了，几乎没有留下一点印象。这使他十分苦恼，疑心自己是不是记忆力不好。后来，有一天，他遇到了当时的著名学者朱熹，就向朱熹请教。朱熹询问了他的读书过程以后，给了他一番忠告：以后读书不要只图快，哪怕每次只读50字，重复读上多遍，也比这样一味往前赶效果好。读的时候要用脑子想、用心记。

陈正之这才明白，他读过的书之所以记不住，不是因为他自己的记性不好，而是学习目的不明确、方法不对头，他把读书多当成了读书的目的，忽视了对书籍内容的理解和记忆。这样匆忙草率地读书，既没有消化书中的内容，又没有本着有意识地进行记忆，他的记忆效果当然是不会好的。以后，陈正之接受了朱熹的劝告，每读完一段书，就想想这段书讲了些什么，有几个要点，并且留心把重要的内容记住。经过日积月累，他终于成了一个有学识的人。

心理学家还做过这样一个实验。他们请老师给两个班的同学布置了默写课文的作业，都说第二天测验，第二天果真测验了，结果两个班成绩差不多。测验后，只告诉一班同学两星期后还要测验一次，二班同学不知道。两个星期后又进行测验，一班同学的成绩比二班同学要好得多（一班同学在测验前也没有复习）。这说明，并不是一班同学比二班同学更聪明，记忆更好，而是由于老师在第一次测验后，对一班提出更长久的记忆目标，结果一班同学就记得长久些。

这两个例子都告诉我们，在学习中要养成一种习惯，严格要求自己，给自己明确提出记忆的目标，这样才能有好的记忆效果。

2.记忆的目的越明确、越具体，记忆效果就越好

要制订一个详细达到目标的计划。如果没有一个切实可行的计划，你的目标只能是水中月、镜中花。要明确诸如"我想考上大学""我希望过幸福的生活"之类的目标都是不明确的。它只是一个梦想，因为它无法衡量进度，也无法检查结果。因此你会认为自己没有行动力，无法采取行动。

许多人在学习中也想把学习搞好，取得好的效果，但学习目标不明确、不具体，过于笼统。比如，一个人上学时英语没学好，参加工作后打算好好学英语，但因没有具体的目标，学习起来方向不明，也无从下手，抓抓停停，效果不佳。如果他给自己订下具体目标，规定自己每天必须记住 20 个生词，并及时进行复习与检查。这样，日积月累，效果就会很好。在学习过程中易于操作，也易于检验目标是否实现。

有三个班级。对甲班学生，只要求他们阅读一段书，没有提出明确的记忆任务；对乙班学生，要求他们阅读、回答问题；对丙班学生，不但要求他们阅读、回答问题，而且要求他们记忆。结果甲班能正确回答问题的人很少，乙班成绩强于甲班，丙班的成绩最好。

因此，学习时，要树立全部记住的明确目标，有一个非记住不可的决心，就会达到最佳记忆效果。比如我们要记住 10 件事，则必须全部记住。如果你觉得有一两个记不住也行，有了这个念头，就根本记不住了。

← 应用：实现记忆目标要靠意志和努力

我们要把当前的学习和未来的应用联系起来，从而具有长远的学习目标，以提高学习记忆的质量。同时，我们还要具有短期的、平凡的、具体的目标，要善于根据不同的学习内容，提出具体的记忆任务。确定"记什么""记多久"和"记到什么程度"。有的材料要逐字逐句地记忆，有的只需要记住大概，有的要严格记住材料的顺序，有的则只要着重理解就行了。充分运用这个规律，避免盲目的、随意的学习，可以增强记忆效果。

下面我们来做一个小小的实验，这是增强记忆力的重要试验。请你自己做做，也可以与朋友共享。

首先把下面文章读一遍，阅读时尽量集中注意力。

当你上车时，司机把门关上了，这辆公共汽车里的人不是很多，除了司机、一个售票员和你以外还有 6 个人。这时你要特别注意上下公共汽车的人数。即：

2 人下 3 人上

3 人下 2 人上

5 人下 6 人上

4 人下 3 人上

6 人下 12 人上

1 人下 4 人上

那么汽车停了几次？

怎样，你是不是只注意了上下车的人数？让你的朋友也照样做一次。大概多数人几乎不会注意汽车停了几次。因为在汽车上记数人数时，人们不注意汽车停的次数，只注意上汽车的人数，其结果多数人都记住了上来的人数，而没有注意汽车停的次数。也就是说，没有明确要求注意的事就忘掉了。换句话说，只要有打算记得的目标，我们就能记住。

在应用明确目标记忆时，有两个需要注意的方面。

（1）要注意理出记忆目标的顺序。例如记公式，首先要理解公式的本质，而后通过公式推导来记住它，再运用图形来记住公式，最后是通过做类型题反复应用公式，来强化记忆。有了这样一个记忆顺序，就一定会牢记这些数学公式。

（2）记忆目标要切合实际。在记忆学习中，确立的目标不仅应高远，还要切实可行。因为只有切实的目标才真正会激发人们为之奋斗的热情，才使人有信心、有把握地把目标变为现实。

明确的学习目标，好像茫茫大海中的灯塔，指引着人生航船的方向。信念与目标是人生成功的两块基石。为自己确立明确的学习记忆目标吧！

请用明确目标记忆法记忆下面文字。

天地玄黄　　宇宙洪荒　　日月盈昃

辰宿列张　　寒来暑往　　秋收冬藏

闰馀成岁　　律吕调阳　　云腾致雨

露结为霜　　金生丽水　　玉出昆冈

剑号巨阙　　珠称夜光　　果珍李柰

菜重芥姜　　海咸河淡　　鳞潜羽翔

龙师火帝　　鸟官人皇　　始制文字

乃服衣裳　　推位让国　　有虞陶唐

吊民伐罪　　周发殷汤　　坐朝问道

垂拱平章　　爱育黎首　　臣伏戎羌

遐迩一体　　率宾归王　　鸣凤在竹

白驹食场　　化被草木　　赖及万方

盖此身发　　四大五常　　恭惟鞠养

岂敢毁伤　　女慕贞洁　　男效才良

知过必改　　得能莫忘　　罔谈彼短

靡恃己长　　信使可复　　器欲难量

墨悲丝染　　诗赞羔羊　　景行维贤

克念作圣　　德建名立　　形端表正

空谷传声　　虚堂习听　　祸因恶积

福缘善庆　　尺璧非宝　　寸阴是竞

——节选自《千字文》

第五章
理解记忆法：理解推开记忆之门

只有理解了的知识，才能记得迅速、全面而牢固。理解记忆以对材料内容的理解为前提，这种理解不仅指看懂了材料，而且包括弄懂了材料各部分之间的逻辑联系，以及该材料和以前的知识经验之间的关系。

← 原理：理解是记忆的前提和基础

人们常说，理解是记忆的第一步。为了进一步了解理解对记忆的重要性，请再看下面的一些例子。

斯陀夫人的小说《汤姆叔叔的小屋》是南北战争前出版的，还是南北战争后出版的？只要了解这部小说揭露了黑奴制度的罪恶，引起了黑奴问题的探讨，影响了南北战争的爆发，林肯对这本书给出很高评价，这样出版时间就迎刃而解了。

在日常生活和工作中，经常有许多事物应该记住却没有记住，其原因往往是由于只注意枝节，而忽略了对本质的理解所造成的。

美国前总统林肯出身贫寒，小时候买不起书，只好去借。只要有人肯借给他，无论走多远的路他也要去。借回后反复阅读，直到完全理解和记住。靠着这种阅读——理解——记忆的方法，林肯积累了大量知识。最后，他终于成为美国历史上最优秀的总统之一。

德国著名心理学家艾宾浩斯在做记忆的实验中发现：为了记住 12 个无意义音节，平均需要重复 16.5 次；为了记住 36 个无意义章节，需重复 54 次；而记忆六首诗中的 480 个音节，平均只需要重复 8 次！心理学实验表明，理解记忆的效果要比机械记忆的效果大约高 25 倍。

日本教育界提倡的一句口号是："要思考，不要死记硬背！"这里所说的思考，首先也是指理解。

所谓理解，用古语来说，就是不仅要知其然，而且要知其所以然。从生理学角度来说，理解就是在已有的条件反射基础上，去建立新的条件反射，并将新旧条件反射组成系统。巴甫洛夫说过，利用已获得的条件反射就叫做理解。理解就是懂得客观事物的意义，实际上就是利用旧知识去获得新知识，并把新知识纳入已有知识的系统中。

只有理解了的知识，才能记得迅速、全面而牢固。不然，总是靠死记硬背，那就会出力不讨好。不要为自己的记忆力不好而灰心，应该反复检查自己是否真正理解了所要记忆的东西。理解一件事，在记忆的感觉上好像在走远路，事实上，它却是培养记忆力最快的捷径。

← 训练 1：如何实现理解过程

要实现理解记忆，我们首先要了解如何实现理解这个过程。我们要知道分析与综合是理解的实质。

如何进行分析与综合呢？具体方法可以分为 5 步进行。

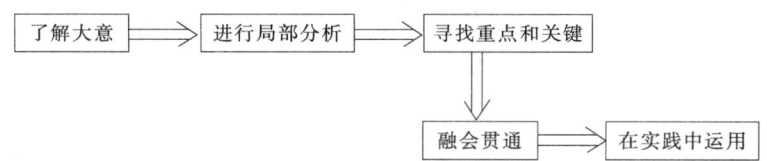

第一步：了解大意

当你记忆某个事物的时候，首先要弄清它的大致内容。拿读书来说，先□□要通读或者浏览一遍。如果是记忆音乐，先要完整地听一遍全曲。了解了全貌才能对局部进行深刻的理解。这也就是"综合"。

第二步：进行局部分析

对事物有了大致了解后，就要逐步深入分析。比如对一篇论文，要弄清它的论点论据，根据结构分成若干段落，逐个找出主要意思，也就是要找出"信息点"，加以认真分析、思考，以达到能编制文章纲要的程度。

第三步：寻找重点和关键

也就是韩愈在他的《进学解》中所说的"提要钩玄"。找到文章的要点、关键和难点，并弄明白，牢牢记住。只有在此基础上，才能理解和记住其比较次要或者从属的内容。正是"万山磅礴，必有主峰；龙衮九章，但挈一领"。

第四步：融会贯通

就是将所理解和记住的各种局部内容，联系起来反复思考、全面理解。这样更有利于加深记忆。

第五步：在实践中运用

所学的东西是否真正理解了，还要看在实践中能否运用。如果应用到实际工作中就"卡壳"，那就说明并未真正理解。真正的理解是有具体标准的。一是能够用语言和文字解释，一是会实际运用。在实际运用过程中，会继续深化理解。

← 训练 2：如何做到理解记忆

1.与积极的思维活动相结合

通过分析、综合、比较、归类和系统化等思维活动，把握记忆材料的含义、范围和结构层次，掌握其本质与非本质特征以及事物间的联系，加强对事物意义的理解和整体结构的把握。

在记忆各种材料时，可以通过思维活动从不同的角度和层次上去理解材料的意义，以增加多种联系和多维度思考，使记忆材料意义更加深刻全面，进而纳入认知结构系统，形成长时记忆。

2.运用已有知识经验

利用已有知识进行新旧知识的联系与对比，找出相同与相异之处，使新材料或融入已有知识体系，或丰富、扩展已有知识体系。学习新知识时，很好地联系已有知识，是理解记忆法的重要一环。个人已有知识经验越丰富、结构越正确，越有助于理解记忆力的提高。

3.灵活运用各种记忆策略和方法

针对记忆材料的不同性质、数量和范围大小及不同学习情境和个人情况，分别采取恰当的策略和方法，能加深理解、增强记忆。

4.复述程度也能表明理解水平，用自己的言语去解释或复述新知识，能增强理解，有助于记忆

我们从理解记忆的四个特征的情况，来衡量理解记忆的运用水平。如果

这几个方面做得好，就可以全面、精确、牢固、迅速地提高记忆效果。

首先，我们既然知道了记忆的这种规律特点，那么在记忆的时候就要经常有意识地运用理解记忆，在记忆的时候展开积极的思维，这样才能取得良好的效果。如果在可以运用理解记忆的时候不去运用，而偏偏要使用机械记忆进行无意义的重复，那可就不止事倍功半，还要相差 10 倍、20 倍了。

← 应用：先理解后记忆

我们在记忆材料的时候，只要它是有意义的，就应该向自己提出"先理解、后记忆"的要求，把材料分成大小段落和层次，找出它们之间的逻辑联系，而不要从一开始就逐字逐句地记忆。例如背古文，如果不把古文的意思弄懂，那么就会像背天书一样，非常吃力。如果把古文里的实词、虚词都弄懂了，把全篇的中心意思掌握了，这时再背就是在理解基础上记忆，背起来就有兴趣得多，也快得多，印象也深得多。而对于那些没有明显意义联系的学习材料，如历史年代、数字、外文单词等，我们可以利用记忆术的一些方法，采用联想、谐音、歌诀等人为的方法去建立起一定的意义联系，帮助记忆，变死记为活记，从而提高加深记忆的效果。

理解记忆是以理解材料内容为前提的。这种理解不仅是看懂了材料，而且包括搞懂了材料各部分之间的逻辑关系，以及该材料和以前的知识经验之间的关系。要做到真正理解记忆的对象就必须做到：

（1）对识记材料要分析综合，真正弄清事物的意义、概念的含义，以及所学的内容的精神实。

（2）把所学的知识付诸实践，要在运用中重复已经记住的材料，使理解不断加深。

需要注意的一点是，我们说理解记忆效率高、效果好，是不是说只要理解了就一定能记住呢？这可不一定。对于理解的东西，往往也还需要多次重复才能记住。有的人理解了某个学习内容，就以为学习过程已经结束，没有有意识地要求自己记住它们，不再通过重复加深印象，那么，是不可能把学习内容完全、准确地记住的。理解了也需要重复记忆。

请用理解记忆的角度背诵下面这段文字。

从逐字阅读到一个短语一个短语地阅读，我们学习阅读往往是从理解字词开始的。根据老师教的方法，我们先确定每个单词的发音和意义；然后，我们把这些单词连成句子，如"看见……鸽子……在跑"，就学习阅读而言，这是一种很好的方法，但对阅读实践而言，它却是一种糟糕的方法。

导致你不喜欢阅读的一个原因可能是你觉得阅读太费时间，你自己思考要比阅读快得多。你感觉阅读就像是朝着一个遥不可及而又不怎么重要的目标缓慢前行一样。

调查显示，那些放弃了逐字阅读方式的人很容易就学会每分钟读600个词、1000个词甚至2000个词。这一速度比那些每次都在心里复述每个单词的人快好几倍。科学研究发现了一种适用于成人的、全新的、有效的阅读方法。童年结束时，我们的大脑发展起一种即时处理大量信息的能力。通过这种能力，我们可以跨越老式的逐字阅读方式。

如果你是个逐字阅读者，你可能认为这种新的阅读方式犹如空中楼阁。然而，这种新的阅读方式有非常牢固的基础，你也许知道，成人大脑所能吸收和理解的知识远远多于小学生的大脑。也许你认为这和阅读没有什么联系，但事实上阅读也需要发挥大脑获取和管理知识住处的能力。

成人大脑的构造使他们只需瞥一眼就能抓住并理解一个词组或短语的含义，而不必逐字解码或朗读。你能学会一个短语一个短语地阅读，并以此取代一个字一个字地阅读。假设平均每个短语由三个单词组成，那么你的阅读速度会提高三倍。

一般说来，绝大多数信息能通过句子里的短语反映出来（每个短语代表一个完整的意思），看看这一组一组的短语，如"绝大多数信息"……"通过"……"句子里的"……"短语"……"反映"。

以上一段的结尾句为例："假设每个短语由三个单词组成，那么你的阅读速度会提高两倍。"如果你逐字阅读，你会把它看成一个个相互独立的单位，如："假设……每个……短语……由……三个……单词组成，那么……你的……阅读……速度……会……提高……两倍。"

但是，如果你经过了训练，能够充分发挥大脑一个短语一个短语知觉文字材料的能力，情况会变成什么样？你会把这句话看做是："假设每个短语……由三个单词……组成……那么你的阅读速度……会提高两倍。"一个短语一个短语地阅读会解放你的阅读能力，使过去缓慢艰难的阅读变得容易和快速起来。

第六章
多通道协同合作记忆法：记忆总动员

　　多种感官同时接受知识，就可使同一内容的大脑皮层上建立许多通路，留下多种痕迹，即使某一痕迹淡薄了，还有其他痕迹在，可以使记忆重现。因为多种感官以多维度、多层次的方式感知识记材料，立体地反映一个对象，起着不同角度的复述、强化作用，从而使印象加深。

← 原理：充分调动全身的机能

我国第一部教育专著《学记》指出："学之当于五官，五官不得不治。"就是说，学习没有经过五官活动，五官不参加学习活动，是学不好的。这说明远在两千年前，我国古人就已经认识到读书要用眼看、用耳听、用口念、用手写、用脑子想，这样才能加强记忆效果。

根据国外科学家的实验和研究，各种感觉吸收知识的比率有很大的差异。一个健全的人的视觉、听觉、嗅觉、触觉、味觉等五种感官器官吸收知识的比率如下：视觉占 83%、听觉占 11%、嗅觉占 3.5%、触觉占 1.5%、味觉占1%。从记忆的效率看，单靠听觉获得的知识，3 小时能记住 60%，3 天后只记住 15%；只靠视觉获得的知识，3 小时后能记住 70%，3 天后记住 40%；视觉、听觉并用获得的知识，3 小时后能记住 90%，3 天后仍可记住 75%。

心理学实验也证明，在相同时间里，第一组学生只是跟老师念一段课文，第二组学生听老师念完后自己念，第三组学生是又听又念又默写。结果很明显：第三组的记忆效果最好，第二组次之，第一组最差。

这说明从总体上看，多种感官并用记忆的效用好。这是由于多种感官同时接受知识，就可使同一内容在大脑皮层上建立许多通路，留下多种痕迹，即使某一痕迹淡薄了，还有其他痕迹在，可以使记忆重现。此外，因为多种感官以多维度、多层次的方式感知识记材料，立体地反映一个对象，信息就会通过不同的感觉神经通路传入大脑，起着不同角度的复述、强化作用，从而使印象加深。

事实上，记忆的规律就是这样，越是动员的器官多，越能记忆深刻。因为同一信息，通过眼、耳、口、鼻、手等器官去接受，使大脑皮层各个相应区域都同时开了绿灯，都兴奋起来，这样他们之间又互相建立了条件联系，联系道路多了，和原有的知识也挂起钩，留下的"痕迹"也就深刻，自然记忆也就牢固了。

现代科学研究发现：人的左脑侧重于抽象思维，主管语言、代数、逻辑等；人的右脑侧重于形象思维，主管直观图像、音乐、几何、综合创造等。心理学家理查德·汤普森和医学家斯凯尔研究证明，人的小脑中被称为"下橄榄核"的部位对记忆起着重要的作用。在学习中，充分调动人脑视觉中枢、听觉中枢、语言中枢、运动中枢等各个部位的积极性协同记忆，对于提高记忆质量效果显著。

总之，"多通道"记忆法能够动员脑的各部位协同合作来接受和处理信息，这就好比用 5 个手指抓东西比用 1 个手指拿东西效果好得多，道理是同样的。

← 训练：参与感官越多，记忆越深

1.五种利用视觉记忆的方法

（1）快照。用你想象中的照相机拍下你想要记住的物件、人和街牌等。如果是一个数字，那就把它拍大一点，有 6 米那么高。如果是一个人，那就派他举着一个牌子，牌子上写着他的名字和他的工作单位。

（2）用一张名称标签。当你看到一样东西，想象给它贴上标价，标价上还有型号、颜色、生产厂家等。当你想起这样东西时，这张标签就出现在你的眼前。

（3）用颜色强化记忆、涂上颜色，用不同的颜色来帮助你记忆。为什么你要记住的东西非得是黑白的呢？给它们上一点颜色，让它们更生动，更容易被你记住。拿刚才的标签来说吧，想象型号是用绿色写出来的，价格是用红色标出来的等等。记人也可以用不同的颜色：灰色的老太太、金色的少女、七彩的孩子等。如果朋友介绍人给你认识，当你听到他的名字时，在脑海中用粉红色的大字把它写出来。当你这么做的同时你也是在把你听到的新名字与你所熟悉的颜色联系起来，这是一种辅助你记忆的方式。

（4）找出一个醒目的特征。如果你看见一件仪器，那就格外注意它的某个部件，比如一个按钮、一个把手等，同样用夸张的方法把这一部件想象得比平常大。

（5）寻找规律。规律可以帮助你记忆，寻找规律可以更好记忆。任何事物都有其内在规律，特别是数字的排列总有一定规律，找到了这个规律，对记忆有很大帮助。原因是规律代表了事物的本质，排除了纷乱的假象，使事物明了、简化。这要求在记忆时要多动脑筋。比如要记住英文单词 MISSIS-SIPPI，你可以记住头一个字母 M 后，加上一个 I 和两个 S，然后又是一个 I 和两个 S，最后是一个 I 和两个 P，I 是结尾的字母。

2.认识听觉在记忆中的重要性

在学习中，听觉是仅次于视觉的感官了。很多著名的钢琴家都说自己是靠听来学习这门艺术的。他们在演奏时是靠大脑去"听"，这样来记住各种不同的旋律。

在很多情况下，识别声音都是很重要的。在某些情况下，听觉比视觉要重要。当然，对失明的人们来说更是如此。他们是靠听觉来弥补已丧失的视觉。而对很多看得见的人来说，他们却忽视了听觉的重要用途。

消防员听到"起火了"这样一声叫喊，马上就知道他有任务了。大脑中，门铃、厨房里的计时器、汽车的警报器、卖冰淇淋的小商贩的叫卖都能使我们的大脑产生反应。同样，在我们的记忆中，可以用一个人的声音作为我们能回忆起这个人的线索。你听到接线员的声音在告诉你某个电话号码，她的声音会使你记得更清楚、更准确。

同样的道理，正在节食的人通常都会被告知哪些东西该吃、哪些不该吃，如果他能通过医生告诉他这些注意事项时的声音来记忆，他就一定能记得更清楚。

只要你开始借助声音来帮助你记忆，你的记忆就已经开始向好的方向发展了。你将看到听觉在你记忆的过程中起到的是辅助视觉的作用，而不是要取代视觉。

3.重视触觉对记忆的辅助作用

就像听觉能起到辅助视觉的作用一样，触觉能起到辅助听觉的作用，实际上它不仅能辅助视觉，有时还能取代听觉和视觉。在一个黑暗的房子里，你什么都看不见，这时就得依靠听觉。但如果什么声音都没有的话，触觉就是你必须依靠的感官了。我们经常听到的一句话是"在黑暗中摸索"。有此种经历的人都对触觉的作用深有体会。

在提高记忆的研究领域中，触觉是与被我们称做"动觉记忆"的概念联系在一起的。动觉记忆是我们最不会遗忘的。你可以去问一个年轻的时候学过游泳或骑自行车的老人。这种技术即使我们已经有好多年没有练习过了，但也决不会忘记。

你问一个熟练的打字员键盘上的字母是怎么排列的，他也许说不出来。但是当他打字的时候，关于字母排列顺序的记忆就随着他手指尖的动作跳出来了，根本不需要有意识地去回忆。

一些我们熟悉的东西看一眼或者听见就能辨认出来，像电台播音员每天都说的那些话。像打字、系鞋带这些都是与触觉有关的，他们已经形成了动觉记忆，比对触觉和听觉的运用要更为复杂。

用触觉来提高记忆，可以通过同时做几件事来练习，比如说，你开车的时候既要注意看也要注意听，同时你还要操作方向盘，这时你就把触觉和视觉、听觉联系起来了。

两种靠触觉来提高记忆力的方法：

（1）去感觉。当你听到一个陌生的名词或名字时，想象它们摸上去是什么感觉，比如，你听到丝绸这个词，就会有一种滑滑的感觉。同样来想象一下你听到刺、火、木头、玻璃、雪等一些事物时是什么感觉。

(2) 将关键数字或词语用手指写在你的手掌心。这种靠感觉来提高记忆力的方式会很有效果。假如你要记住的数字是 8,伸出你右手的食指,把它写在你左手的掌心,这一简单的动作将给你留下深刻的印象。

4.嗅觉也可强化记忆

把嗅觉与其他感觉器官结合起来加强记忆也是很有效的,因为嗅觉能起到别的感官起不到的作用。闻到食物的香味能立即判断食物已经被煮过了。电线烧焦的气味能告诉我们短路了。但嗅觉的功能不仅仅是这些,一种特殊的香气能够引起许多与此相关的联系。作家在创作一部作品时可能一直浸在一股香烟的味道当中。

几种靠嗅觉来加强记忆的方法:

(1) 将某种气味和某个人联系起来。不太好闻的味道:香烟、洋葱、大蒜等,当然也有好闻的味道:香水、洗发香波等。

(2) 将其位置与某个地点相联系。将约会的地点与餐馆里某道菜的味道联系起来。如果指路的人告诉你在汉堡快餐店左拐,那就想象你在左拐的同时闻到汉堡的香味。

(3) 另一种靠嗅觉加强记忆的方法:准备购物单时将你要买的东西"尝"一遍。这样你会记得更清楚。通过你的感官来加强记忆,肯定会起到很好的效果。广告业常年都是以这种方法取胜的。当我们用不同的感官去感觉一件产品的时候,我们就会记得更深刻。我们观察的能力就是依靠我们的感官,记忆也需要我们充分利用我们的感官。只依靠一种感官会使记忆十分有限。用你不同的感官去加强你的记忆力,因为主观感觉和客观物体是互相联系的。你越是把它们联系起来,它们之间的关系就越紧密,你的记忆就越会形成一个整体而没有空缺。

5.用味觉强化记忆的奥妙

在很多情况下，味觉对记忆都很重要。厨师在做菜的过程中会突然停下来尝尝味道，他的记忆会告诉他这种味道是对还是不对。很多记忆都是由一种苦或甜的味道引起的。吃到不同的东西时往往会突然想起早已遗忘的经历或环境。

← 应用：将听说读写和实际操作全部结合

1.动口——结合听力强化记忆

这是由于读出声来能使精力集中，同时由于自己发出声音和听自己的声音这两种活动同时进行，两种器官协同作战，所以，对大脑的刺激效果就能增强。

因发掘特洛伊遗址而闻名的 H·修利曼，以语言学的天才而被人们熟知。他从学习希腊语开始，到精通几国语言，其学习方法就是朗读，而且常常读到深夜。据说，他曾因此而被人从公寓赶出多次。他仅用 3~6 个月就能完全记住、精通一门外语。

我们在用字典查阅英语单词时，如果嘴里一面念一面翻书的话就能很快查到；如果不出声，相类似的词就在旁边也很容易弄错。当你一页一页地翻阅查找时，突然一个使你注目的单词跳入眼帘，你会先看这个词，结果把自己本来想查的词也忘了。如果总是念叨着要查找的单词，就能直接去查找。读出声来随时都能判断自己查的单词是否正确。

2.动手——落实笔记加深记忆

马克思"时常在自己的抄本里，记下他想丰富自己的记忆力的各种实际资料"，"隔一些时候就要重读一次他的笔记和书中做上记号的地方，来巩固他的非常强的而且精确的记忆"。马克思在写作《资本论》的过程中，读过和做过笔记、摘录的书有 1500 多种，写的笔记本（包括手稿、摘录、提纲、札记）有 100 多本。凡是和政治经济学有关系的学科，他都细心地研究。他孜孜不倦，花了 40 年时间，才完成这部光辉著作。

做笔记归纳起来有如下好处：

（1）帮助理解。笔记是思考的产物，凡做读书笔记，必须首先要理解学习的材料，理解越深刻，概括越准确，笔记也就越简洁。经常做笔记，可以培养文字表达能力和运用符号、图表的技巧。

（2）战胜遗忘。做笔记时需要用脑，学习材料在头脑中接受加工整理并安营扎寨，而且形成了自己的提取方式，因此能延缓以致战胜遗忘。做笔记时需要在读、看、背等记忆形式基础上，增加手写、画图等触觉记忆和运动记忆。做笔记可以帮助复习，而适时复习是形成长时记忆的重要方法。

（3）积累资料。占有大量资料是做学问的基础，正如马克思所说："研究必须充分地占有材料，分析它的各种发展形式，探求这些形式的内在联系。只有这项工作完成后，现实的运动才能适当地叙述出来。"

（4）促进成才。因为做笔记是成才的一个重要因素，是成才的推进器。这就是多通道协同记忆法，应用最广泛而又有效的记忆方法之一。要记得关键的"五到"——眼里看到，心里想到，手里写到，嘴里念到，耳朵听到。

3.运动——调动思维铭刻记忆

人们都有这样的体验：以前所学过的溜冰、舞蹈、画画之类的与动作相联系的内容最不容易忘记；诗词、歌曲等吟唱的内容次之；光用眼睛看过的书籍、画报等的内容最易忘记。学习外语，光看不读、不写的单词比较容易忘记，既看又读、写、用的单词不容易忘记。其原因在于它们属于不同的记忆。

光用眼睛看的默记，是大脑对视觉符号的记忆，称为"视觉符号记忆"；读、写和运动性的记忆，包含着专管运动的小脑对肌肉运动的记忆，称为"运动记忆"。"视觉符号记忆"遗忘速度较快，而"运动记忆"遗忘速度较慢，甚至终生不忘。一个会游泳的人，即使间隔几十年没有下水了，想投水自杀也是困难的。

通过小脑记住的运动动作，并不限于躯干、四肢的运动，也包括身体各局部肌肉的细微运动。如小提琴家一连串准确、持久、迅速的动作，能不假思索地再现出来，几乎成为习惯性的动作，还有书法家、画家、雕刻家娴熟又准确的动作，无不与运动记忆有关。

人们认识事物有多种通道，各通道的配合有利于把握和记忆事物，更易于在大脑内部建立各种便于回忆的联系。把这种多通道协同记忆法广泛应用于学习实践，主要应体现在把听、说、读、写、思和实际操作结合起来。

多通道协同记忆适用于记忆各种材料。

应该特别强调的是，通过实验、制作等实际操作，不仅可以增强感性知识、提高记忆效果，而且由于经常活动手指，还可以使大脑沟回增多变深、提高智能，防止或延缓脑衰老。在大脑运动中枢，与一个拇指相对应的大脑皮层面积相当于与一条大腿相对应的大脑皮层面积的10倍。大脑控制整个躯干的脑细胞数量只相当控制双手的脑细胞数量的1/4。特别是左手参与实验、制作等，有利于开发右脑、培养创造力。

多通道协同记忆的基本原则是多种感官联合行动，但也不是在任何情况下都要把所有的感官都调动起来。有时根本不可能，有时也根本不需要。在既需要又可能的条件下，各种感官采取联合行动当然最好。条件不允许或不必要的时候，能动用几种感官就动用几种，只有能尽量动员各种感官在大脑中留下较深的痕迹，才有可能达到目的。

用多通道记忆法背诵下面这首诗。

雪夜林间

我认识了这片林子的主人，

不过他的房子却在邻村，

他不会想到我在此逗留，

伫望着白雪落满了树林。

我的小马定是觉得离奇，

荒野中没有农舍可休息，

在林子和冰冻的湖之间，

在一年最黑的夜里。

它把颈上的铃摇了一摇，

想问问是不是出了差错，

回答它的只有低声絮语——

风柔和地吹，雪羽毛般地落。

林子真美，幽深，乌黑，

可许诺的事还是得去做。

还得走好多里才能安睡，

还得走好多里才能安睡。

第七章
联想记忆法：打开记忆的一扇扇窗

联想记忆就是利用事物间的联系通过联想进行记忆的方法。联想是一种基本的思维形式，思维中的联想越活跃，经验的联系就越牢固。如果能经常地形成联想和运用联想，就可以起到增强记忆的效果。

← 原理：联想是由此到彼

　　世界上的各种事物，无不处在普遍联系和互相制约之中。因此，我们从观察客观事物中懂得，在大脑中所识记和保存的知识与经验都不是孤立、零散的，而是彼此联系着的，构成一个错综复杂的神经网络。因此，我们在知觉或回忆到某种事物的时候，就必然会连带地回忆起其他的有关事物。像这一类心理活动，被称为"联想"。

　　生理学家巴甫洛夫认为，联想是由于两个或两个以上刺激物同时或连续地发生作用而产生的暂时神经联系。联想是在头脑中从一事物想到另一事物的心理活动。靠着它，每个人都能把输入大脑的信息串联起来，构起记忆的网络，从记忆的仓库里提取所需要的信息。联想具有超越古今、横贯宇宙、不合常情及种种神奇色彩。如果能抓住联想的规律，学会联想的方法，不但有助于我们记忆，而且有助于我们迅速回忆起所记的事物。美国心理学家威廉·詹姆士说："一件在脑子里的事实，与其他多种事物发生联想，就容易很好记住。所联想的其他事物犹如一个个钓钩一般，能把记忆着的事物钩钓出来。"

　　联想能克服两个概念在意义上的差距，把它们联结起来，联想的生理和心理机制是暂时的神经联系，也就是神经元模型之间的暂时联系。

　　联想是与生俱来的天赋，不过作为一种创造能力，它还有待于我们在后天加以发展，这无疑有赖于经验和知识的积累。

当代俄国心理学家哥洛万·斯塔林茨做实验表明，任何两个概念都可以经过四五个阶段建立起联想。比如"木质"和"皮球"怎样建立联系？可以通过中间环节联系起来，木质是起点，皮球是过程的终点，是事先给以规定的。

木质——树林，树林——田野，田野——足球场，足球场——皮球。

又如，"天空"和"茶"。天空——土地，土地——水——喝，喝——茶。

可以举出许许多多这样的例子，一般可以较自然地通过四个联系步骤，偶尔也需要五六个步骤，这取决于概念之间的"意义距离"。

联想在我们学习中是经常要接触到的，任何人都在运用这个方法。美国哈利·罗莱因先生甚至说："记忆的最基本规律，就是对新的信息同已知的事物进行联想。"假如有人问你，瑞士和法国的国土是什么形状，一般人当然说不清楚，可是问你意大利国土是什么形状，很多人会回答"像一只靴子"。人们比较熟悉靴子的形状，因此把意大利与靴子联系起来，就牢记不忘了。

我们在记忆时，用联想的办法把每个事物、外语单词等串联起来，这样，也就能记住一系列的事物和单词了。

著名的哈利·罗莱因的记忆方法中有"记忆链记忆法"。假如要记忆 A、B、C、D、E 几件事，首先可在 A 与 B 间联想，然后再在 B 与 C 间联想，依次联想下去，产生连锁反应，所有应记忆的事情都能回忆出来。如图所示：

A→B→C→D→E

举一个例子吧，某公司某人有 5 件事必须在 1 日内办好：

（1）订购电视机。

（2）打字。

（3）订一套西服。

（4）与交易对手欧阳会晤。

（5）购买邮票。

试将这 5 件事按顺序记忆：

（1）电视机和打字机——由电视机上装有按键想到打字动作。

（2）打字机和西服——想象自己打字时穿一身新式西服。

（3）西服与欧阳——想象欧阳穿一身肥大的西服在跳舞。

（4）欧阳和邮票——想象欧阳的像被贴在一张邮票上。

关于第一件购买电视机的事，如果把公司大门想象为电视画面，那么每当出入大门时，这 5 件事就立刻浮现在眼前。

联想记忆就是利用事物间的联系通过联想进行记忆的方法。联想是由当前感知或思考的事物想起有关的另一事物，或者由头脑中想起的一件事物，又引起想到另一件事物。由于客观事物是相互联系的，各种知识也是相互联系的，因而在思维中，联想是一种基本的思维形式，也是记忆的一种方法。我们知道，记忆的一种主要机能就是在有关经验中建立联系，思维中的联想越活跃，经验的联系就越牢固。如果能经常地形成联想和运用联想，就可以增强记忆的效果。

← 训练：由联想规律的分类记忆

联想是有规律可循的，联想的规律有接近律、类似律、对比律、因果律等，这样应有接近联想、类似联想、对比联想、因果联想。根据联想的这几个规律，我们可以把联想记忆法分为以下几类：一是接近联想记忆法。利用事物在时间上或空间上的接近关系，由此事物联想到彼事物。这方面在历史、地理的学习中运用较多。二是类比联想记忆法。类比联想是对一件事的感知和回忆引起和它性质上相似的事物的回忆，反映事物间的相似性和共性。例如对同义词的辨析和记忆即属于类比联想。三是对立联想记忆法。用某一事物感知或者回忆引起与它有相反特点事物的回忆，称为对立联想，它反映了事物间的对立性。在语文学习中把反义字集中起来对照，在数、理、化学习中，把对立的公式、规律、逆定理收集起来，能加强理解和记忆。四是因果联想记忆法。利用事物间的因果关系，由此事物联想到彼事物。记忆数学公式、物理定律、化学反应、语法规则等均可运用因果联想记忆法来增强识记效果。

对于这几种联想记忆法，上文中都已经举过很多例子，下面将挑其中几种更加具体地给读者阐述。

1.接近联想

接近联想是指根据有些事物在空间或时间上有所接近之处而建立起来的联想方法。如看到带鱼马上会想到大海，提到哈尔滨必然想到气候寒冷、冰灯、冬泳等现象，一提到井冈山会想到朱德和毛泽东曾在那里会师等，这些都是因为在空间上有接近之处。又如，一提起诸葛亮，马上就会想"借东风"和"三顾茅庐"；一提起鸦片战争，马上就会想起 1840 年和林则徐的禁烟运动等，因为这些事情在时间、地点等方面都接近。

学习中，如果运用这种方法，把遇到的事实、事物和学到的知识，与接近事物联系在一起，形成空间或时间上有相关之处的系统就可产生联想、帮助记忆，而且提起一种东西就可能联想到一大串内容。

2.类似联想

类似联想是根据事物之间在现象或本质方面有类似之处而建立起来的联想。类似联想主要是突出事物的共同性和相似性，它对学习和记忆发挥着重要作用。

如集中识字教学，其所以能得到大力推广，就是因为它利用了汉字结构具有音、形、义方面的类似性，依据汉字的造字规律，抓住特点，把常用汉字分别归纳成不同的类，然后编成《快速集中识字手册》在全国进行推广。又如，平行四边形的面积公式的导出，就是利用两个全等三角形的相似特点推出来的。把一个平行四边形的两个对角顶点联起来，就构成两个全等三角形合起来构成的一个平行四边形，正是一个三角形的二倍，二二抵消，得出平行四边形的公式是"底乘高"。这样就很容易记住了。

类似联想在各科教学和学习中使用非常广泛，它要求在合乎逻辑、忠于现实的前提下进行。不合逻辑、违背现实的两种事物，不能强行联系起来。类似联想用得好，不但对高效记忆有作用，而且有利于创造性才能的发挥。

3.对比联想

对比联想是根据事物之间往往具有对立性的特点而建立起来的一种联想。

如由热想到冷,由甜想到苦,由爱想到恨,由落后想到进步等。由于想到的事物具有对立性,因而将其归纳到一起。用对比联想增强记忆,效果就特别显著。

小学语文教学中,常对比联想增强记忆,效果就特别显著。如把同义词与反义词联系到一起教;中学分析小说时,常将这一人物与另一人物的形象对比起来教,能增强感染力;数理化教学中,也可将彼此对立的定理、公式、规律等归纳起来,运用对比联想帮助记忆。对比联想在学习和教学中的运用非常广泛,是提高记忆效率的极好方法。

4.因果联想

利用事物的因果关系,从一事物想到另一事物。拿到大学入学通知书,想起电影里常见的手拿毕业文凭,头戴"方帽子"的情景,这只"方帽子"下面是一张笑眯眯的熟悉的脸——自己的脸。这就是联想。心理学家罗伯特·依·布伦南说:"如果没有基本法则的知识,就得处理一串串冗长的信息,我们的记忆必定负担繁重。最完美的记忆方法是把现象按因果关系联系起来,因为哲学的任务是研究这种关系,所以我们可以主要通过培养哲理头脑来弥补记忆力的不足。"

5.奇特联想

另外,还有一种有趣的奇特联想法。奇特联想是世界上公认的"记忆秘诀",也是一种记忆的"诀窍"。奇特联想法是利用一些离奇古怪的想法,把有关事物、词语或知识串连到一起,在大脑中形成一连串的物象的增强记忆的方法。

奇特联想可以把任何几个字或词语概念串起来,用自己的特殊办法加以记忆。

运用奇特联想时有三个要点必须掌握：

（1）将静态事物动态化，把本来是静止的东西，想法让它动起来。如"气球""墨水""草原"三个不相干的名词，你要连起它们达到记忆，可想象成墨水挂到气球上向草原飞去。

（2）用甲事物取代乙事物，或让甲事物变成乙事物的一个组成部分，把它们联系或组装起来。如"铅笔""草帽""大豆""拖拉机"，可以想象成铅笔代替了人，戴着草帽坐在拉大豆的拖拉机上。

（3）对被记事物进行夸大或缩小，增多或减少。如要记住"手表""窝瓜""滑梯"这三件事，怎样联想呢？可想象为手表像窝瓜那样大，从滑梯上滚下来。运用这种办法对事物进行随意组合，就可进行联想创造，收到最佳记忆效果。奇特联想法乍看起来是可笑的，但使用到需记多项事物的场合，它就会发挥特殊效能。训练习惯后，要记一连串的词语和事物，就会方便多了。

人的思想是无垠的，没有领域的。笔者在这里只是介绍了几种最常见的联想记忆法，在联想的广袤天地里，有更加奇妙的联想记忆法在等你去发现，你肯定会找到最适合你的那种，也是最好的那种。

6.违背常理的有效联想

相传3000多年前，古埃及文献《阿德·海莱谬》中就有过这样的记载："我们每天所见到的琐碎的、司空见惯的小事，一般情况下是记不住的。而听到或见到的那些稀奇的、意外的、低级趣味的、丑恶的或惊人的触犯法律的等等异乎寻常的事情，却能长期记忆。因此，在我们身边经常听到、见到的事情，平时也不去注意它，然而，在少年时期所发生过的一些事却记忆犹新。那些用相同的目光所看的事物，那些平常的、司空见惯的事很容易从记忆中漏掉，而一反常态、违背常理的事情却能永远铭记不忘，这是否违背常理呢？"

当我们把"汽车""可乐"作为联想对象的时候，正常的想象就是装满可乐的汽车在公路上行驶，这种平常的想象留下的印象就不深。那么，如果我们设想：超级大卡车拉着可乐在飞驰，或者可乐上安装着轮胎而自己在飞跑。这样的想象，虽是不合乎逻辑，但离奇的想象却会给人们留下很深刻的印象。

当然，合乎逻辑的事，其本身也有容易记忆的一面。即使是棋界的高手，具有超人的记忆力，如果对手是幼儿园的小朋友，与他下棋时乱走一气，也许会使他无法记忆了。总而言之，正常的、自然发生的事情印象就弱。

此外，描绘稀奇的、不合乎逻辑的形象，实际上是一种创造性的思维活动。只有做出一番努力才能深深地印在脑子里。要想使这些违背常理的联想能大量地浮现于脑海，大脑必须机动灵活。年轻人能自由表达思想，小孩子奔放的想象力能描绘出离奇古怪的形象。可是，一进入社会，长期从事某种工作以后，在某些方面，判断力就干扰想象力，致使它不能描绘出平时想象的内容。

7.使用卡片进行联想

如果要进行基本的联想练习，使用卡片是极为有效的方法。

首先，预备50~100张卡片，在正面写上各种字，如果能从百科全书中抽出一些词写上更好。然后，把卡片翻过来，像玩扑克牌那样把卡片弄乱，再从这些卡片中任意抽出两张一组。初次做这样的训练，先抽出十组就可以。然后，翻过来一组，在两张卡片中间进行形象联想，想好之后再扣回去。待十组全部联想完毕，看着一组中的一张卡片上的字回忆联想另一张扣着的卡片的字。这样，把说对的放置一边，没说对的再重复一次联想，这样，说对的数量就会逐渐增加，一会儿工夫就能把十组全部联想记忆下来。

开始进行联想时，最好选择一些常用物品、动物名称等容易构成具体形象的字。等具备了自信心之后，再向那些抽象的难以联想出具体形象的事物进行挑战。

例如，"记忆""人生的意义""石油危机""免税""艺术""动荡的年代"等这些抽象词，对这些词进行联想记忆时，肯定会感到很难。

当然，如不经常变换这些卡片内容，只记住那么一小部分词是没有意义的。为此，进行这种训练时，如能从自己的专业手册中或小辞典中抽选出一些词，就能获得一箭双雕的效果。这种练习不仅自己能单独进行，如果能得到别人的帮助进行训练，则效果会更显著。

让朋友或别人说两个词语，自己同时把它记在手册上。随后，马上进行联想。联想完毕，再让他说两个。这样反复进行联想练习，如能联想到二十组，即可测验一次。测验时让他说已编成组的任意一个，自己说另外一个。

在进行形象联想的基本训练时，最主要的是要掌握规律。这样，任何词的形象就能迅速而自如地浮现出来。

联想一定要大胆。如果稍有这种杂念："这似乎不太合乎道理吧？"那么，记忆效果就会下降一半。越是能描绘出大胆、奔放的形象的人，想象力越丰富。总而言之，只有想象力丰富的人，记忆力才能得到充分发展。

← 应用：防止遗忘的联想

如前面所述，在我们日常生活中，联想的方法得到了广泛应用。

常常会有这种情形，比如你正在房间读书，忽然客厅的电话铃响了，你去接电话，回来准备继续看书，可是书却找不到了，根本想不起把书放在哪儿了。你要外出，刚一上公共汽车，忽然担心起来，门锁了没有呢？电视机有没有关呀？炉火熄了吗？怎么也想不起来了，只好急匆匆地再回家看看。这种好忘事的现象，是由于平时无意识的行动引起的，并非忘记，而是根本没有有意识地记忆。

防止遗忘，最好的方法就是准确地认识事物。公交司机能牢记每一个操纵手柄的作用，其原因就在这里。在从事机械操作的工厂里，为了消除事故和差错而实行责任制，就是要防止无意识的习惯性的操作动作。

清楚地认识和记忆事物的最有效方法，就是联想。联想不可能是无意识的。只有对事物的认真观察和认识，才能在头脑里刻上事物的最初痕迹，才能在任何时候都能通过联想而回忆起来，健忘才能得到彻底解决。

在前述事物中，你去接电话时假如把书放在电视机上，就可以联想到，电视机的某个画面上摆放着书。为了雨停以后不至于忘记把伞带回来，可以由带伞联想到离开教室前的最后一件事。邮寄信件、买东西、存放贵重物品等，只要联想到有关这方面的事项，都可以避免遗忘。

如果把宝石放在抽屉里的毛衣下面，那么你就可联想到巨大的宝石穿着毛衣在跳舞。这样，当需要回想宝石放在哪儿时，立刻就会想起来，然后很容易找到宝石。

离开家时，炉火已灭，你可进行把头伸进炉子看火已灭的联想。于是，只要一想起家中的炉子，当时的情景就会回忆起来，因而能确认炉火已灭。会见客户时，如果想与他谈有关石油的问题，就可以设想客户举起大石油桶，由头上往下浇的情景。这样，看到他本人时就会马上联想到所要谈的问题。

如果养成这种联想的习惯，不仅能提高记忆力，而且有助于提高观察力、想象力、集中力、创造力。如果养成记忆事物的习惯，就会明白过去没有进行观察是一件憾事。养成观察联想的习惯，经常重现自己身边的事物，外出旅行时，也有助于发现各种美好与新鲜的事物，你将犹如置身于一个崭新的世界之中。

运用联想记忆要注意两点：

（1）要选择好联想的中介物（即选择好联想的通道）。因为这是记忆的关键，选择得好，会"豁然开朗"，一下子联想到某种材料或解题的方法，问题就得到解决；选择得不好，有时十分简单的也会"卡壳"，久思不得其解。

（2）要注意知识的积累。因为联想是新旧知识建立联系的产物，先学的知识应成为后学的知识的基础，旧知识积累得越多，新知识联系得越广泛，就越容易产生联想，也就越容易理解和记忆新知识。

（1）请对以下几组词进行联想，尽量想出多种联系来。

①火车——苹果②长江——手机

③杯子——天空④学习——小刀

⑤订书机——电脑⑥书本——马路

⑦电话——水龙头⑧梨子——复印机

⑨企鹅——太平洋⑩宇宙——胶水

(2) 请记住下列 15 个词：

飞机，大树，信封，耳环，水桶，唱歌，篮球，腊肠，星星，鼻子，手榴弹，电视机，鸡蛋，汽车，学校

可以进行如下联想（下面的形容词自己填）：

①天空飞着一架色的飞机。

②这架飞机突然撞在前面的树上。

③这棵大树非常奇特，长着大树叶。

④树叶上结着一个闪闪发光的形的。

⑤耳环上吊着一个巨大的色的水桶。

⑥小桶里有一个戴着帽子的魔术师在。

⑦唱完歌后，他从口里吐出一个色的。

⑧他把篮球剖开，里面装着一节。

⑨他把腊肠打开，一道门打开，飞出。

⑩这颗星星正好打在魔术师的。

⑪他的鼻子马上落下。

⑫手榴弹掉下来打坏了。

⑬电视机里流出样的。

⑭鸡蛋碎了，壳里开出。

⑮汽车载着魔术师去表演。

第八章
规律记忆法：记忆就这么简单

寻找和推导记忆事物中本质的必然的联系（即规律）加以利用进行的记忆，为规律记忆。规律记忆可大大减少记忆量，省时省力，是提高记忆效率的好方法。

原理：有规律的东西容易记

哲学家说：规律就是关系，本质的关系或本质之间的关系。这就告诉我们，规律所表现的是现象间在一定条件下所固有的、普遍的、必然的联系。世界上任何事物都有其自身规律，像上面的例子中，洞察其中规律并利用它进行记忆，那肯定会事半功倍。这也是我们在此单独对规律记忆法进行论述的原因。

寻找和推导记忆事物中本质的必然的联系（即规律）加以利用进行记忆的方法，我们称其为规律记忆法。

心理学告诉我们：规律是事物内部的必然联系。这种必然联系有因果关系上联系，有顺序上联系，即由先至后时间上动态顺序联系，由近及远、由局部到整体方向上静态顺序联系。这些联系通过视觉对人脑影响尤为深刻，不易遗忘，故规律记忆法就是掌握记忆对象以上的共同规律，再分别记住不同部分，可大大减少记忆量，省时省力，提高记忆效率的记忆方法。

← 训练：如何寻找材料的规律

运用规律记忆法首先要掌握规律。究竟如何掌握规律呢？答案是：善于分析、善于理解、善于总结。

掌握事物的规律要善于分析，不能被识记材料的表面现象所迷惑。许多人在学习秦朝、隋朝断代史时，注意发现这两个朝代相似的兴衰规律，在学习当代文学史时，努力发现它与当代革命史同步运行的规律，获得了很好的记忆效果。

掌握事物的规律要善于总结。

在识记活动中，我们要做有心人，不能对各种事物熟视无睹。要注意从司空见惯的事物中提炼出事物的发展规律。比如三角函数有 54 个诱导公式，但这些公式所表达的三角函数的关系却存在一个共同的规律。抓住这个规律，便可以总结出"奇变偶不变，符号看象限"两句口诀。只要记住了这 10 个字，就可以推导出全部的诱导公式了。再如学习现代汉语的拼写规则，声调音标，都可以总结自己的一套东西，从而帮助记忆。

掌握事物的规律还要善于理解、弄清事物各部分之间的关系。

做到了这一点，记忆的难题就可迎刃而解。如学习现代汉语时，我们常常遇到句子划分成分的难题，虽然背诵了许多定义，但到考试时依然"蒙门"。

聪明的方法是，深入理解，弄清其各部分之间的关系。在理解的基础上，我们可以将其简记为"主谓宾、定状补，主干枝叶分清楚。基本成分主谓宾，附加成分定状补。定语必在主宾前，谓语前状后面补"。这几句话高度概括了句子成分相互关系的规律，简明易记。

← 应用：记忆历史知识、公式和单词

1.找规律记历史

任何事物都有其规律性。历史知识也不例外，历史知识大都繁多而复杂，通过对繁多而复杂的历史知识的归纳、分析、综合，找出其共性（即规律），然后再运用这些规律记忆历史知识。

如何寻找历史知识的规律呢？

记忆历史事件：可用【历史事件=背景+经过（或内容）+结果】

记忆历史人物：可用【历史人物=时期（即朝代）、称谓+主要事迹+评价】

记忆历史著作：可用【历史著作=时期、作者+主要成就+评价】

记忆朝代兴亡：可用【朝代兴亡=时期、初期政绩+全盛事件+中衰关键+中兴君主+衰亡事件】

另外，重大历史事件，我们都可从背景、经过、结果、影响等方面进行分析比较，找出规律。如分析中国古代历次农民起义的原因时，虽然引起起义的直接原因各不相同，但其根源无非是：①残酷的刑法，沉重的赋税、徭役和兵役。②土地高度集中。③自然灾害。再如近代中国的革命，往往可以从阶级矛盾、民族矛盾、阶级结构、思想武器等角度找到答案。

抓住数据的内在特点，找出其规律性。极半径和赤道半径是说明地球形状的两个基本概念，前者为 6 356.8 公里，后者为 6 378.1 公里。如果把小数忽略，我们不难发现这两个数据的千、百位数分别为 6 与 3，而十位数和个位数前者为 5 和 6，后者为 7 和 8，连起来恰好是自然数 5，6，7，8。二分二至是反映地球公转过程中季节和昼夜的转换点，这些日期分别为：春分——3 月 21 日前后，夏至——6 月 22 日，秋分——9 月 23 日，冬至——12 月 22 日前后。从春分算起，四个节气的月份依次为 3，6，9，12，均为 3 的倍数，而日期分别为 21，22，23，22，周而复始，循环不止，这一来就易于记了。

2.找规律记公式

自然科学上的不少定理、公律、公式，若在理解的基础上找出规律进行记忆，效果会更好。如学立体几何，柱体、台体、锥体的表面积和体积公式，它们之间有内在关系。台体的上底面积为零，则变为锥体；台体的上底与下底面积相等，则变为柱体。因而就可以用台体的侧面积、体积公式作为多面体和旋转体的统一公式。记住这个统一公式，就可以推导出其他有关的公式了。再如物理学中欧姆定律的公式，明白了电流与电阻成反比、与电压成正比的道理，这个公式就自然而然地记住了。

3.找规律记单词

再如外语单词的记忆中也有规律可循。

（1）运用读音规则。例如，元音字母（a，e，i，o，u）在重读音节的读音、r 音节在重读和轻读音节的读音以及元音字母在非重读音节的读音，不查词典就能解决大半单词的读音问题。

（2）利用相同的拼读规律。如 all，我们学过的单位词有 call、ball、fall、wall。make 读 [meik]，学过的有 lake、take、wake。但是不符合读音规则的词汇也不少，应当注意。

（3）利用构词法。英语构词法之一派生法，也叫词缀法。后缀"-er"加在有些动词后面，表示从事某动作的人或物。如 work（工作）后面加上词缀-er，就构成新的词 worker（工人）。把前缀加在词干上，构成相反词意的新词，如 usually-unusually，fair-unfair，healthy-unhealthy，happy-unhappy，afraid-unafraid，like-dislike，appear-disappear 等。

英语构词法之二合成法，就是由两个或两个以上的单词合成一个新词的方法。如 class（课）+room（房间）就构成了 classroom（教室）。如 every（每一）+where（在哪里）就构成了 everywhere（无论何处）。every（每一）+one（一）就构成 everyone（每人）。掌握英语构词法的规律，记忆的效果就会提高。

可见，规律记忆法有着广阔的应用范围。但它的长处本身也蕴含着弱点：就是要求使用这种方法记忆的人，必须具备较高水平的思维能力。如果不能思考，不能透过现象抓住本质，进而提示事物的共同本质特性，就失去运用这种方法的前提，但这也并不是那么绝对。

由于规律具有普遍性和重复性的特点，只要抓住事物的这一共性，就能联系个性。运用规律进行记忆显然是一种较为高级的记忆方法，它的最直接最突出的优点是可以减轻大脑记忆的负担，从而掌握一把可解开许多难题的钥匙。

4.规律记忆注意事项

世界上任何事物都有其内在的规律，如能正确地运用规律记忆法，找出规律性再用这种规律作指导，就能使我们既记得快又记得牢，可大大提高记忆效率，进而培养了思维能力和创新能力。

但是运用规律记忆有两个问题值得注意：

（1）规律记忆要求我们不是在一般意义上懂得记忆材料，而是必须理解材料明确了解材料与材料之间的联系的基础上，从大量纷繁复杂的材料中抽象出、抓住本质的东西，得出统一的定理、法则、公式。如果浅尝辄止、一知半解，则是不可能进行规律记忆的。

（2）规律记忆适合于在相同条件下反复出现的材料，而不适合于在特殊条件下偶然出现的材料。

请利用规律记忆法记忆下面三组数字：

（1）30254356592977449801

（2）242726145236305082

（3）86474963652541639

第九章
交际记忆法：与君一席话，胜读一本书

　　人际交往是信息的"交易所"，是信息的"加工厂"。在提高记忆的方法中，交际起着不可低估的作用。具体来说，交际记忆法可以分为交谈记忆法、争辩记忆法和以教促学记忆法。大家可以从这些方面训练自己的交际记忆能力。

← 原理：人际交往是信息的"交易所"和"加工厂"

卢瑟福说："科学家不是依赖个人的思想，而是综合了几千人的智慧。"正因为这样，我们读书学习，要把古今中外的人所积累的知识，特别是专业知识学到手。当代社会是信息社会，把自己关在屋里动脑是不够的，还得采用各种方法获取信息。其中人际交往是信息的"交易所"，也是信息的"加工厂"。在与人切磋和闲聊时，一个个难得的信息装进大脑这个"储存室"。

也许你有这样的体验：在考试前几天，几个好朋友集中到某个同学家里，吵吵嚷嚷地讨论习题。某个人提出习题的一种解法，其他人加以补充和评判，在七嘴八舌的积极讨论中，解决了好几个难题，当然也很清楚地了解和记住了解决问题的过程。在随后的考试中，恰好遇到了某道难题时，当时的讨论过程历历在目，回答起来当然是非常顺利。

靠一个人从书本上得到知识，即使原封不动地都记下来，效果也是有限的。做提纲，出声读，多次反复阅读固然很必要，但如由两三个人把彼此不足之处互相补充，效果就会更好。从这个意义上看，有组织的讲习会、读书会等对验证知识是很有效的。

在提高记忆的方法中，交际起着不可低估的作用。具体来说，交际记忆法可以分为交谈记忆法、争辩记忆法和以教促学记忆法。大家可以从这些方面训练自己的交际记忆能力。

← 训练 1：交谈记忆法

　　这是通过与他人交谈需记忆的内容来进行记忆或加深、巩固记忆的方法。交谈是人们通过语言表达相互交流思想的活动。人们在相互交谈时，既要倾听对方的看法，又要有针对性地发表自己的见解，能促使注意力集中，头脑处于积极思考的状态，避免单独学习时常易发生的心不在焉、精神松懈、只看不想的状况。学习，几个人在一起交流切磋、讨论问题，往往会产生茅塞顿开、触发灵感、互相取长补短、相得益彰的效果。有意识地与别人交谈学习、记忆的内容，能对学习、记忆的内容产生较深刻的印象，形成较全面、准确的记忆。

　　交谈记忆法可广泛用于各门知识的学习和各种材料的记忆。在运用交谈记忆法时，参加交谈者必须有明确、一致的议题，交谈、讨论应紧紧围绕着已确定的议题去进行，交谈方应各抒己见，坦诚地表明自己的看法，这样才能使交谈顺利进行，达到以交谈促进记忆的目的。

1. "谈"的问题

　　所谓交谈应该有个大致的中心，表达要明确。提高语言影响力，发音吐字要清晰。在谈的时候要避免"粗鄙地大声咒骂；种族的笑话和恶意中伤；自以为是，故意抬高自己的身价；陈词滥调的口头禅；不要重复一些无意义的修饰语词。相反，应做到：要问些别人的事，不要一直谈论自己；眼睛要注视别人，不要随意乱看；如果有另一人加入谈话，简要地告诉他正在进行的话题，鼓励他一起讨论；在会议室或晚宴上，问你邻座一些问题，以打破沉默，并试着让大家说出看法而成为会话主题"。这是"谈"的问题。

2. "听"的问题

与谈相辅相成的是"听"，这也大有学问。要理解说话人的立场，重点掌握说话人的话语中的实质内容。要尊重对方的意见，并加以确认，然后再提出自己的看法。在对方说话过程中，不要贸然下断语或拦腰打断对方的讲话。对于难懂的地方，提出疑义，请对方复述一遍，以免引起误会。用眼睛观察对方心理的微妙变化，猜度他（她）说话的意图。如果你真想在与人交流中获取知识和信息，还得请大脑发挥记忆功能，让这些有用的东西在你脑中转两个回合，使短时记忆转化为长时记忆。如果听后就丢置脑后，或者当面谈得火热，过后不再思考，那么效率就低了。

和同学在一起散步或闲聊时，可以就学习中的疑难问题作为交谈的话题，你一言，我一语，或许就能把疑难问题解决了。这种活动，不但能鼓励大家主动去探索问题、解决问题，培养浓厚的学习兴趣，还能提高口头表达能力，增进同学之间的友谊。通过交谈，会使自己尚未扎根的记忆和没有自信的记忆，变成确定实在的记忆，牢牢地印在脑海里。

← 训练2：以教促学记忆法

通过把刚学到的知识教给别人，以促进、巩固记忆的方法。能使自己对知识的记忆更清晰、完整、准确。

此法源于莫斯科维尔德洛夫学校的娜佳·玛赫娃同学，她常常假设自己是一位老师，并且准备了教学计划和教学笔记，还列出了一个学生名单。在自己向想象中的学生们讲完课程后，她还要向"学生们"提出问题，然后再由她自己扮演学生来回答问题，并且对每个回答都要打出分数。开始的时候，娜佳的学习成绩突上突下，很不稳定；然而，一段时间以后，娜佳的学习成绩产生了显著的飞跃，成为一个最优秀的好学生。

和其他学习法比较，娜佳的"教学相长记忆法"有着许多明显的优势。

1.要当先生，先做学生

列夫·托尔斯泰说过这样的话："知识，只有当它靠积极的思维得来而不是凭记忆得来的时候，才是真正的知识。"而准备讲的过程正是运用这种积极思维的过程。要教给别人某种知识，自己必须首先掌握这种知识。教会别人的意图和欲望会给自己造成一定的心理压力，使自己产生学习和记忆知识的迫切感，从而对自己的学习、记忆起促进作用。要讲给别人听，必须用自己的语言表达，而不能鹦鹉学舌似的背。

2.教是又一次学习

教别人的时候，同时也整理了自己的知识系统，加深了对所学知识理解的程度。把人家对你的求教看成是对自己的促进，为了讲得明白，必须强迫自己去弄懂那些似是而非的问题，从中受到新的启发。我们不但要知其然，而且要知其所以然，不但要全面地、熟练地掌握知识，而且要用自己的话表达出来。从某种程度上讲，这是一种再创造，而自己创造出的东西是不易忘记的。已经学过的知识，不巩固就往往会逐渐生疏、忘记，教别人就相当于在无形中进一步消化和理解所学的知识，在客观上促使自己增强了对知识的记忆，收到了一举两得的良好效果。

　　因此，利用教别人来促进、巩固自己的记忆，是一种行之有效、助人为乐、一举两得的好方法。

训练3：争辩记忆法

这是通过与别人对识记材料进行争论探讨以强化记忆的方法。

人们在学习和理解知识的过程中，常会对一些问题产生不同的观点和看法，存在出入。为了弄清孰是孰非，你常常会与他们发生争论。有人认为，记不清找一下书不就得了吗？争来争去多耽误时间！其实，有意识地针对这些问题展开争论、辩论，可对学习、记忆有关内容起到积极的促进作用。这是因为：

（1）争辩是不同思想交锋的过程，在争辩的时候，争论双方都处于高度紧张状态，一方面全神贯注地听取对方的意见，同时分析其中的正误；一方面积极思维，评论对方的见解，阐述自己的观点。力争明辨是非，认清真伪。这种情况下，信息输入大脑容易留下较深刻的印象。可以加深理解知识，巩固记忆印象。

（2）争论可以帮助我们检查记忆的准确性。通过争论，错误暴露出来，然后加以纠正，从而形成正确的记忆。而记忆正确的知识也得到了检验和应用，并得到巩固和强化。

（3）争论还可以使争论双方开阔视野，拓宽思路，互相受到启发。

（4）在争论中，由于注意力高度集中，无论是听到一个新观点，还是发现一个新论据；无论是自己被驳得体无完肤，还是被对方佩服得五体投地，都是一种强刺激，都能留下深刻的印象。

古人在《学记》一书中写道："独学而无友，则孤陋而寡闻。"如果在学习时，与人争论，展开思想交锋，必定会真假黑白，是非分明。这样可以加强理解知识，巩固记忆印象，纠正记忆错误。

运用争辩记忆法应该注意以下几点：

（1）动机要正确。进行争论的目的是辨明知识的准确性，从而加深理解和记忆，而不是为了斗高低、出风头，更不能逞强好胜、中伤对方。

（2）态度要端正。进行争论要保持善意的、平等的态度，不应钻牛角尖。

（3）方法要对头。争论中切忌跑题，如果离题太远，就很难得出正确的结论。争论中要坚持独立思考，不能人云亦云、不懂装懂。在论证自己的观点和驳斥对方的观点时，应遵守有关的逻辑规律和规则，采取正确、有效的论证方法和反驳方法。

（4）要适可而止，注意场合。过分的争论会失去意义，要留给大家一个想象回味的空间。

（5）争论之后要从思想上接受正确的观点，也不要轻易被对方同化。既要允许对方有错误见解，也要承认自己的不当之处。对别人的谬误要善意指正，对自己的错处要勇于改过，绝不能固执己见。

← 应用：在交际中记忆，做一个信息开放的人

综上几种交际记忆法，我们可以发现，封闭是学习的首要敌人。作为一个现代人，要时刻具有效率意识，学会以开放的姿态，本着发展他人而发展自己的原则，做一个信息开放的人。所以，我们应该本着"知之为知之，不知为不知"的精神，敞开自我的心灵，敢于对任何事情说"我能"，热烈地迎接丰富多彩的外部世界。

举一个心理学家做的实验事例。有两个人，是一个班的同学。一个常常独来独往，从不与人交流，别人问他问题，他怕回答不好，不愿意理睬；自己有什么不会的，怕别人耻笑自己，碍于面子也不问别人，而是自己一个人琢磨。另一同学则不然，他喜欢和同学们在一起加入各种讨论，别人不会的问题问他他都爽快回答，自己不懂的内容也不死钻硬磨，而去求教于学习好的同学，并且特别愿意和那些学习成绩好的同学进行交流、互相学习。时间长了，两人的区别就看出来了。前者的路越走越窄，学习进入了"死胡同"，成绩平平；后者则对学习充满了热情，成绩名列前茅。这正是不同的学习心态所带来的差异。开放、交流对记忆同样有很大影响。

那么，看书是不是要和别人看的不一样呢？如果有一套资料是不是要和别人共享呢？切不可抱着书必须收好，别泄露了天机，别人学习超过了自己，那自己就没有优势的想法。

这样做对自己的学习和记忆很不好。不好在于：

（1）这样做容易走偏。学习的制胜法宝不在于掌握了别人没有的资料，在于寻找别人没有参考书或练习题上花费了大量的工夫，一旦找到"特殊"的资料，就死抱着不放，仿佛是救命稻草。可殊不知，真正的法宝并非来自"独""奇""偏"，而是取决于一个人运用知识的迁移能力。如果能灵活地运用所学的知识，即使没有做过什么偏题、难题，也能应付各种情况；但如果迁移能力差，即使做过一些这样的题，遇到新的、变换了条件的题时，也照样会手足无措。

（2）这样做妨碍了与别人交流信息资料。如果你对别人封锁信息资源，别人也会对你这样做，彼此就失去了信息资源共享的机会。事实上现代社会，信息资源是无限的，只有共享资源才是最经济、最有效的学习途径，也才能在短时间内获得大量信息资料。把自己的资料和别人共用，表面上看好像是"损失"了什么，但实际上当别人了解你的资料后，就可能把其他的新鲜信息和他们拥有的好资料交换给你，那么你获得资料的渠道无形之中就拓宽了。所以，你并没有失去什么，而是共享了更多的东西。

为了提高复习的效果，一个人必须克服强烈的爱面子心理。爱面子必然导致自我封闭，使人变得退缩、孤芳自赏，甚至愚昧、落后。记得一位哲人曾说过，心灵之门的守护者就是我们自己！我们的精神生活在我们自己创造的蚌壳中，如果我们打开蚌壳，就会与外部世界融为一体，吸收日月精华、天地灵气，自由地成长；如果我们紧闭蚌壳，我们的精神就会冬眠在漆黑的世界里，在黑暗的侵蚀下萎缩、衰老、死亡！这精神只有在蚌壳自由敞开时才是完美的、亮丽的，才会放射出智慧的光芒！

第十章
特征记忆法：刺激记忆的兴奋灶

　　经验表明，个性突出、特征明显的东西容易记忆。心理学证明，抓住特征有利于记忆。若能既注意弄清客观事物的相似之处，又努力发掘事物各自的个性特征，就可以收到很好的记忆效果。抓特征离不开观察、辨别和发掘三个步骤。

← 原理：特征明显的东西易于记忆

　　经验表明，个性突出、特征明显的东西容易记忆。这是因为，个性突出、特征明显的东西容易引起人们的注意，并且便于人们把它们与其他同类对象区别开。长相特殊、言谈举止与众不同的人容易被人们记住，色彩鲜明、构思奇特的广告能给人留下深刻印象，都是这个道理。

　　根据这种规律，在记忆某个对象时，应努力去发掘它的个性和特征，以此作为识记、辨认和回忆它的线索。

　　抓住特征有利于记忆是符合心理学原理的。大家知道，大脑皮层有两个基本的神经过程，即兴奋过程和抑制过程，这两个过程都是由一定的刺激引起的。客观事物类似之处，即它们的共性给人的刺激也是相似的，容易产生混淆，所留下的痕迹也趋于淡薄；而区别之处，即它们的个性，则可以刺激大脑产生兴趣使大脑皮层形成一个兴奋灶，从而留下鲜明的记忆表象。如果我们能既注意弄清客观事物的相似之处，又努力发掘事物各自的个性特征，就可以收到很好的记忆效果。

← 训练：通过观察、辨别和发掘找出特征进行记忆

1.观察

观察是记忆的基础，只有观察细致，才能记忆扎实。没有经过仔细观察的记忆，事后只能想出粗略的大概而已，至于主要的内容就无法想出来了。一般情况下，观察的顺序应该是从整体到局部的。在整个观察的过程中，都要注意寻找事物的特征，当确认了事物的特征后，就已经把它记住了。

2.辨别

很多识记对象极其相似，容易混淆，只有认真辨别，同中求异，才能找出识记对象的特征。在记忆时，有些事物的特征非常明显，一目了然，有些则需要下一定工夫才能辨别出来。不过，经过认真辨别后抓住其特征，是难以遗忘的。

3.发掘

有些识记对象的本身并没有什么特征，那我们就可以人为地赋予它一个特征。

观察、辨别、发掘，将会撩开事物的面纱，显露其独具的个性特征。如果你能经常从寻找特征的角度去观察、去记忆，将会收到惊人的记忆效果。

在我们学习的课程中，还有相当一部分内容全靠机械式的记忆。比如，年代、常数、字母、元素符号、地名等。这些内容看似简单极容易理解，却是很难记忆的。我们可以寻找这些内容的特征，这些特征有多半与事物的本质并无内在的必然性联系，仅仅是记忆者从自己的经历出发给它一个特征，和记忆内容有某种联系，利用这些联系的提示来帮助自己联想或记起要记的内容。为此，必须进行深入的观察和细致的比较。

← 应用：生物、历史、地理小知识和数字特征的记忆

1.浓缩特征法

浓缩特征法用起来比较复杂，需要给记的知识运用其特征，将其编写成纲或浓缩为一字，这样记起来省时牢固。

（1）人体肺泡结构特点有四：①肺泡面积大约100平方米，抓"大"字；②肺泡壁很薄，由一层上皮细胞构成，抓"薄"字；③肺泡虽大，但数量极多，抓"多"字；④肺泡外缠弹性纤维，具有弹性，抓"弹"字。然后浓缩则变为"大、薄、多、弹"，浅显易懂，使学生在短时间内就能牢记肺泡结构与功能相适应的特点，增强了学生识记能力。

（2）学习西亚和北非石油特点，储量大、埋藏浅、出油多、油质好时，可以记"大、浅、多、好"四个字。

（3）中国农民起义的特点：秦末农民起义是"揭竿为旗"仓促起义；东汉黄巾起义是有准备、有组织的起义；唐朝黄巢起义是流动作战。

（4）利用宗教组织形成来组织发动群众的东汉黄巾起义，张角用"太平道"来组织群众，太平天国起义洪秀全创立了"拜上帝教"。

这种把不同特征综合归纳浓缩，指导学生通过理解去记忆，定能有效促使学生的识记能力不断提高。

2.外形特征法

许多地理图形，必须抓住图形的特征来强化记忆。对国家、省区、岛屿、湖泊等图形的记忆，就应突出它们的轮廓特征来记忆。

（1）意大利酷似一只长筒靴，我国的省份如黑龙江省像一只展翅欲飞的天鹅、陕西省像兵马俑、密歇根湖像个长茄子……这样不但好记而且容易区分。如湖南省形似一个男人头，江西省形似个女人头，两省位置相邻，合称它们为"亲密无间的伴侣"；广东省形似一个象鼻，象鼻延伸的方向是南海，所以称之为"伸进南海的象鼻"。

（2）石墨和金刚石都是由碳元素构成的，但二者的化学性质却差别极大。大家就可以通过晶体结构去把握它们的诸多特征。金刚石分子呈球状，而石墨分子则是两层扁平状。因此，金刚石质地坚硬、石墨质地很软等。

（3）下面这些字，外形十分相似，很容易搞错，其实它们是完全不同的。如巳 si（地支的第六位）、已 yi（已经）、己 ji（自己），可以重点记住它们的不同部分。滴 di（水滴）、镝 di（锋镝）、摘 zhai（采摘）、嫡 di（嫡亲），着重辨别部首。戌、戍、戊三字，字形相近，可能会混淆。用口诀记住：横戌点戍空心戊。只要一念口诀便清楚。

有些人"别字连篇"，在学习时没有把这些形似、音异、意不同的字搞清楚，是一个主要原因。对于某些词语也一样，只要找出各自的特征，也就容易分辨和记忆了。

3.数字特征记忆法

辨析词义可以用这个方法，记忆其他事物，也可以用找特征的方法。

（1）记历史年代，就可以抓它们本身的特征来记。

①连续。如蒙古灭金是公元 1234 年，1234 是个连续自然数，就容易记。

法国大革命是 1789 年，789 也是自然连续数。

②加法。例如，李时珍于 1578 年写成闻名世界的药物学巨著《本草纲目》，可想为 15=7+8。

③减法。例如，周平王东迁，东周开始的时间是公元前 770 年，可想为 7-7=0。

④乘法。例如，1644 年清军入关，明朝灭亡，可想为 16=4×4。

⑤除法。秦于公元前 221 年统一中国，可想为 2÷2=1。

⑥叠加法。三国时期魏、蜀、吴建国时间分别为 220、221、222 年，记住了魏是 220 年，用叠加法，加一年为蜀、再加一年为吴；记住了吴是 222 年，用叠减法，减一年为蜀、再减一年为魏。1917 年的十月革命，1919 年的"五四"运动，1921 年的中共建党，顺序是叠加二；《辛丑条约》签订于 1901 年，辛亥革命爆发于 1911 年，中国共产党诞生于 1921 年，1931 年日本发动"九一八事变"，1941 年国民党制造皖南事变，顺序是叠加十；1689 年《中俄尼布楚条约》签订，1789 年法国革命爆发，1889 年第二国际成立，顺序是叠加百。

(2) 地理中的事物有数字上的巧合，也可总结出数字规律。如讲南亚地区，总结出该地区有三个"三"：

三种地形（北部是山地，中部是恒河、印度河平原，南部是德干高原）

三大河流（印度河、恒河、布拉马普特拉河）

三种气候（热带雨林、热带季风、热带沙漠）。

在讲东非国家时，总结它有：

三亚（埃塞俄比亚、肯尼亚、坦桑尼亚）

两布（吉布提、布隆迪）

两达（乌干达、卢旺达），东非的 9 个国家中已经记住了 7 个，剩下的索马里、塞舌尔也就好记了。

地理课中有些数字与学生熟悉的事物巧合。如地球的表面积是 5.1 亿平方公里，这个数字恰好同"五一"国际劳动节一致，但必须向学生强调应注意地理事物的单位。再如讲黄河的长度是 5400 公里，这个数字与"五四"运动的数字巧合。

（3）在工作中，经常需要记住一些数据，尤其突出的是电话号码。有些数据可以利用特征转化成一个算式。例如，爱因斯坦曾问他朋友的电话号码，朋友说："我的电话号码很不好记，是 24361。"爱因斯坦马上回答："这有什么难记的！两打（24）加 19 的平方（361）就是了。"

以上应用特征记忆法对枯燥无味的数据进行了形象有趣的加工，使之增进了与自己熟识事物的联系，所以，在记忆时就会引起奇异独特的效果。

特征有本质特征和非本质特征。本质特征是事物的特殊性、事物的个性；非本质特征是事物外部、局部的突出点。上述介绍中浓缩特征属于本质特征记忆，外形特征数字特征属于非本质特征记忆。二者相比本质记忆的印象更深刻。

作为偏旁，如人、山、水、女、心（忄）、日、木、舟、雨、马、鱼、鸟等组成的字，意思十分明白。

"刂"（刀），刊、刑、判、刻、刷、剃、剔、制、刺、删，都是用刀的行为。

"厂"，厦、厕、厨、厩，都与处所有关。

"冫"，冬、冰、冻、冷、寒，都与冰冻有关。

"阝"，在左是"邑"，在右为"阜"。院、陈、陆、阶、陵，郊、郡、都、部，都与地方有关。

"斤"（斧），祈、斩、断、析，都与斩砍有关。

"礻"（示），祈、神、祝、祥、祥、礼、祖、福，都与祝愿、敬神有关。

"罒"，里、罪、置、罹、罗、羁，都与罗网、阻滞有关。

"衤"（衣），被、袖、补、装、袜，都与衣物有关。

"页"，顶、项、领、颈、颜，都与身体有关。

"贝"，财、赂、赔、赚、赈、贫、贪、贻，都与财宝有关。

"火"（灬），灯、炒、炮、炬、烧、炬、烧、蒸、烹、煮、烈，都与用火的行为有关。

"心（忄），想、思、怒、情、惊、恨、怪，都与性情和心理活动有关。

"王"（蠱），珍、珠、玻、璃、玲、玛，都与宝玉有关。有时以珍宝的好坏比喻人品的好坏，如：瑕、瑜。

第十一章
口诀记忆法：趣味口诀，快乐记忆

　　口诀记忆可以缩小记忆材料的绝对数量，把记忆材料分组、组块来记忆，加大信息浓度，增强趣味性，不但可以减轻大脑负担，而且记得牢，避免遗漏。把记忆材料编成口诀或押韵的句子进行记忆，可以提高记忆的效果。

← 原理：分组块记忆，减负担、增趣味

把记忆材料编成口诀或押韵的句子进行记忆，可以提高记忆的效果。口诀记忆可以缩小记忆材料的绝对数量，把记忆材料分组、组块来记忆，加大信息浓度，增强趣味性，不但可以减轻大脑负担，而且记得牢，避免遗漏。

心理学研究表明，人的记忆是以"组块"为单位的。每一个组块内的信息量是相对的。一个字母可以看做一个组块；一个单词、一个词组也可以看做一个组块；一个句子也可以作为一个组块。组块内部的信息不是各自孤立，而是相互连接的。如果善于把记忆材料分成适当的组块，就能够大大提高记忆效果。口诀记忆就是符合组块规律的一种记忆方法。

口诀大都押韵，朗朗上口，容易记忆。

春雨惊春清谷天，

夏满芒夏暑相连；

秋处露秋寒霜降，

冬雪雪冬大小寒。

上半年来六、二一，

下半年是八、廿三；

每月两节日期定，

最多相差一两天。

这首《节气歌》大家一定不陌生吧，用歌诀的形式将二十四节气串起来后，每个节气仿佛散落的珠子被串了起来，有序又好记。

← 训练：编口诀的方法

看一首标点符号歌：

一句话说完，画个小圆圈（。）

句中有停顿，小圆点带尖（，）

并列词句间，点个瓜子点（、）

并列分句间，逗点顶圆点（；）

引用原话前，上下两圆点（：）

疑惑或发问，耳朵坠耳环（？）

命令或感叹，滴水下屋檐（！）

引文特殊词，蝌蚪上下窜（""）

文中要注解，月牙分两边（（））

转折或注解，直线写后边（——）

意思说不完，六点紧相连（……）

强调词语句，字下加圆点（·）

书名要标明，四个硬角弯（◊◊）

经过加工，那些初学标点符号的小朋友一定会觉得容易许多。

（1）发掘特征。口诀法还可以采用对一些容易混淆的字，发掘特征。

比如，己、已、巳几个字容易混，可以编成这样的口诀：

堵巳不堵己（自己的己）

半堵才念已（已经的已）

（2）联想。买、卖这两个字在小孩子初学时也不容易分清，可以用联想法编成口诀：

少了就买，

多了就卖。

在日常生活中，人们通常是缺少了某样东西才会去买，所以"买"字就比"卖"字少了个"十"字头，因此可以联系起来记。

（3）形象法。利用形象法编口诀，易于引起联想而帮助记忆。

例如，汉语拼音字母的"n，m"样子像门，"f"像拐棍，"t"像伞把，"h"像椅子，"k"像有个东西往墙上磕，"l"的发音像"嘞嘞嘞"的声音。于是可以编成下面的口诀：

一门 n，二门 m，

拐棍 f，伞把 t，

椅子 h，碰壁 k，

小棍赶猪嘞嘞嘞 l。

（4）前后对比。用前后对比的方法编口诀，比如下面的一个数学公式：

$(a \pm b)^2 = a^2 \pm 2ab + b^2$ 就可以编成：

首平方，尾平方，

首尾两倍在中央，

二项符合看前面，

它们两个都一样。

（5）综合使用。多种编口诀的方法可以综合起来，比如综合罗列法、特征法、直观形象法就可以把"熟"字编成这样的口诀：

一点一横长，口字在中央，

子字来报信，九个一起忙，

下点一把火，烧熟一锅汤。

利用谐音汉字，把识记材料编成"顺口溜"，或合辙押韵的句子，将之变成一首首歌诀，趣味性强、易于诵读和方便记忆。

口诀记忆法的功能体现在：①简化复杂的识记材料，缩小记忆对象的绝对数量，加大信息浓度，减轻大脑负担；②增强零散、少联系或无联系的识记材料之间的联系，通过编串组合，使零散的、无规则的材料浑然一体，使本来只能用机械方法记忆的内容有着独特的效果。

← 应用：记忆文科和理科知识

1.用口诀法记忆文科知识

学习文科的学生都知道，记忆是取得优异成绩过程中必不可少，也是最重要的环节。中学历史课的内容，纵贯古今，横揽中外，涉及经济、政治、军事、文化和科学技术等各个领域的发展与演变。它丰富的内容，常常使学生产生浓厚的学习兴趣；它纷繁的头绪，又往往给学生带来记忆的困难。不少学生反映："历史学起来有兴趣，记起来真困难。"因此，"爱上课，怕考试"。原因之一是他们记忆历史知识的方法不对。心理学实验证明：有80个单词的歌谣，读8遍即可背诵；而同样数目的意义不连贯的单词，读80遍才能记住。为什么呢？因为歌谣有韵律，借助于音韵的节奏，朗朗上口，易于成诵。

（1）用歌诀来记忆历史知识。我们将一些历史基础知识编成歌谣，就便于记忆了。

比如中国古代史上嬗变交替、连续不断的朝代，常常使人感到繁乱难记，编成歌谣："夏商与西周，东周分两段。春秋和战国，一统秦两汉。三分魏蜀吴，二晋前后延。南北朝并立，隋唐五代传。宋元明清后，皇朝至此完。"这样就新颖有趣又好玩，不自觉地学舌嬉笑，在愉快的氛围中，我们不知不觉地记住了知识，又掌握了学习方法。

在学习"战国七雄"时，为了把七国的方位和名称记住，可以用"东西南北到中间，齐秦楚燕赵魏韩"的顺口溜，这样就易记易读。熟记五霸，为防止颠倒顺序，用歌谣"齐宋晋秦楚，桓襄文穆庄；各国皆称'公'，唯独楚称'王'"。

又如以歌谣"挟天子，有优势；重人才，贤士聚；屯田策，得实利"来记忆曹操能统一北方的主要原因；在学习"隋唐文化——封建文化的高峰"时，把它编为"封建文化有高峰，隋唐科技甚繁荣；建筑行业最兴盛，唐都长安有大明；赵州石桥拱奇特，隋朝李春设计成；雕版印刷始问世，传世珍品《金刚经》；火药军用唐末起，唐代中期早制成。首次测定子午线，《大衍历》法最为精；二功当记谁头上，天文学家僧一行"。把丰富而又复杂的内容进行概括，就收到了容易记忆的效果。

以顺口溜"1840鸦片战，隔年八月英军舰，《中英南京条约》签，香港岛屿被割占；1858二鸦片，烈火焚烧圆明园……"来记忆英国侵略我国香港地区的几个步骤。在学习《南京条约》时学生可在理解的基础上，改编成"《南京条约》有四项：割、赔、开、税商。口岸在五处，广厦福宁上"的顺口溜，这样就把条约内容、地名等一一牢记。

为了掌握明太祖加强中央集权的措施，可编成如下口诀："废三省，设三司，丞相职权六部分，五军都督掌军旅，殿阁学士当顾问，八股取士选奴婢，设置厂卫动杀机。"根据这个口诀，我们只要稍加联想，便能回忆起明朝加强中央集权措施的具体内容。再如将明朝著名城市及特征编成歌谣"苏杭绸，松江布，景德瓷，成都茶，武昌木，扬州盐，泉广宁，通外洋，富机产，开机房，资产者，初萌芽"。"建造房屋，半工（弓箭）半宿（粟）"，哈哈，你还记得这是什么时期的人吗？不错，就是母性氏族公社时的半坡原始居民。

（2）用歌诀来记忆地理知识。地理是很多中学生头痛的科目：信息量大，烦琐,且没有规律。但如果用歌谣记忆法,好多问题就可迎刃而解。如利用我国省市简称编成的记忆诗:"两湖两广两河山,三江云贵吉福安,双宁四台天北上,新西黑蒙青陕甘。30省市加海南,重庆列为直辖市,港澳回归大团圆。"其中,两湖指湖南、湖北。两河山指河南、河北,山东、山西。三江指江苏、江西、浙江。双宁指辽宁和宁夏。

对于众多烦琐的中国地名和资源名称,我们可以把它编写为:"大余钨,个旧锡,铜矿集中在德兴;招远金,平果铝,水口铅锌共同生;锡矿山区却产锑,铜仁无铜偏产汞;白云鄂博多稀土,金昌镍都更著名。"这样使得烦琐的知识不再烦琐难记,而是在不知不觉中达到记忆的效果。

(3)用歌诀来记忆语文知识。初中语文课本一共讲了九种复句,也可利用歌诀加以记忆:因选解说员,急得团团转,请君递假条,承请一并传。要一口气将九种复句列举出来并不容易,但借助歌诀则易如反掌。第一句指因果、选择、解说,第二句指转折,第三句指递进、假设、条件,第四句指承接和并列。十二种修辞方法,也可编成歌诀:三比三反偶设引,借代拟人爱夸张。("三比"指比喻、对比、排比,"三反"指反问、反复、反语,"偶设引"指对偶、设问、引用)

又如说明方法歌诀:说明法,举定义;比图表,比分数。"举定义"指举例子、下定义,"比图表"指打比喻、列图表,"比分数"指作比较、分类别、列数字。

2.用口诀法记忆理科知识

(1)记忆化学知识。有这样一种说法,化学是理科中的文科。意思是说,化学虽说属理科,可也如同文科一样,要背、要记的东西不少。不少学生就是因常见的化学元素等记不住而开始厌恶化学的。

其实记忆化学元素周期表的前二十种元素时，只要按顺序五个五个地读，就很押韵，很顺口的：氢氦锂铍硼，碳氮氧氟氖。钠镁铝硅磷，硫氯氩钾钙。记化学价地有：一价氢氯钾钠银，二价钙镁钡氧锌。二铜三铝四七锰，二四六硫二四碳，三价五价氮与磷，铁有二三要记清。

干燥气体：酸干酸，碱干碱，氧化不能干还原，中性干燥剂，使用较普遍，只要不反应，干燥就能成。

硫的物理性质：黄晶脆，水两倍，微溶于酒精，易溶于二硫化碳，不溶于水，熔点一一二，沸点四四四。（密度是水的两倍）

硫化氢的性质：无色有臭还有毒，二点六，分氢硫，还可性蓝火头，燃烧不全产生硫。（1体积水溶解2.6体积的H2S，一定条件下分解为单质氢和硫，有还原性、可燃性，蓝色火焰。）

苯的化学性质：取卤硝，磺加烧。

卤代烃的化学性质：碱水取，醇碱消。

短周期元素化合价与原子序数的关系：价奇序奇，价偶序偶。

氧中燃烧的特点：氧中余烬能复燃，磷燃白色烟子漫，铁燃火星四放射，硫蓝紫光真灿烂。

硫在氯中燃烧的特点：磷燃氯中烟雾茫，铜燃有烟呈棕黄，氢燃火焰苍白色，钠燃剧烈产白霜。

盐的溶解性歌谣：钾、钠、铵盐、硝酸盐；氯化物除银、亚汞；硫酸盐除钡和铅；碳酸盐磷酸盐只溶解钾、钠、铵。说明，以上四句歌谣概括了八类相加在水中与不溶的情况。

（2）记忆物理知识。在物理学习中，有些概念比较抽象，可利用歌谣将相近或类似的概念或规律进行比较，搞清它们的相同点、区别和联系，从而加深理解和记忆。例如，对于平衡力和相互作用力两概念作如下比较："大小等，方向反，二力均在一条线；前者同体，后者对着干。"通过这一对比，从而对两种本质不同的力的认识更深刻了，也就不会混淆和遗忘了。

静电场中有关电场强度、电场力、电力线以及电场力做功与电能变化的关系，电势大小与电力线的关系，可归纳成这样的口诀：

电场力的方向，正电荷与场强同向，负电荷与场强反向；电场力做正功，电势能减少，电场力做负功（克服电场力做功），电势能增加；电力线方向永远是电势降落方向。

记住上述三条，在解答有关电势高低、电势能变化等问题时，才能准确无误。

有些定律的内容，可简化成几个字的口诀记忆。例如光学的反射定律，可编成：三线共面，法线居中，两角相等。

此外，有一些定则使用时容易混淆不清。例如左手定则和右手定则，除了使用不同的手来区别通电导线的受力方向和感应电动势（闭合回路为感应电流）方向外，对于何时用右手定则、何时用左手定则，可以编成谐音口诀"机油（右）电阻（左）"。即当题设条件是机械能转化成电能，也就是发电机原理，那么运用右手定则——"机油（右）"。如中的条件是电动机原理，即电能转化为机械能，那就是"电阻（左）"——左手定则来判断。

还有些分析方法也可编成口诀。例如，混联电路分析归结为"一竿子到底，锦上添花"。这样使形式复杂的化成易于计算的等效电路。

以上所举，只不过是各科学习中的几个例子。实际上，许多内容都可以借助歌诀来记忆，自己创作的歌诀更不容易忘记。中高考前，选择高效的学习方法尤其记忆方法是特别必要的，所谓的"磨刀不误砍柴工"。这样是简单易行、效果显著的，比单纯地反复识记效果好得多。模糊的地方再翻书，这样大脑始终处于积极活跃的状态，注意力集中，针对性强，记起来信心十足，最终达到记忆的目的。

同学们，在编制歌诀时要注意：

①歌诀要能抓住记忆材料本身的特征，反映材料本身最主要最基本的内容。

②歌诀要符合自己的记忆任务。

③歌诀本身要自然、简洁、容易上口，有节奏感、音乐感。

歌诀记忆法无疑对提高记忆效率有重要的作用，但它也有一定的局限性：一是运用此法的人必须具备编写歌诀的能力，否则只好去记别人编的东西。如果歌诀编得不准确、不简练，也失去它的意义。二是在需要记忆的材料上又多了歌诀这一层，弄不好反而误事。

总之，抱着正确的学习态度，勤奋学习是成功的前提；掌握科学的学习方法就是运筹正确的战略技术；提高智力能力，就是改良攻关武器，三者是不可或缺的。倘若把我们的学习喻为航船，勤奋则是轮船的马达，正确的学习方法便是轮船的方向盘与航线。让我们驾上这艘希冀之船在知识的海洋中遨游，让船儿载着我们驶向成功的未来！

请用口诀记忆法记忆：

(1) 盐类水解规律可编成如下口诀记忆：

无"弱"不水解，谁"弱"谁水解；

愈"弱"愈水解，双"弱"都水解；

谁"强"显谁性，双"弱"由 k 定。

（2）烷烃命名方法，可编成如下口诀记忆：

最长碳链做主链，

主链碳链称"某烷"；

支链近端为起点，

依次编号定支链；

支链作为取代基，

位置名称写烷前；

相同烃基可合并，

简单烃基在前面。

第十二章
过度学习记忆法：记忆力可以速成

对学习材料在记住的基础上，多记几遍，达到熟记、牢记的程度，称为过度学习记忆。过度学习不是"过分学习"或"疲劳学习"，它是指把练习进行得超过那种刚好能回忆起来的程度，其目的是要强化记忆。

← 原理：过度学习即是强化记忆

当你在学习中记住了预定内容后，为更好地巩固记忆而继续学习一段时间，这种记忆方法叫做"过度学习记忆法"。即对学习材料在记住的基础上，多记几遍，达到熟记、牢记的程度。

心理学家的实验证明，低度学习的材料容易遗忘，过度学习的材料则比恰能成诵的材料保持得好一些。过度学习法的精神实质可能大多数同学在学习过程中或多或少都有所体会。所谓过度学习不要误解为"过分学习"或"疲劳学习"，它是指把练习进行得超过那种刚好能回忆起来的程度。其目的是要强化记忆。

强化记忆，即通过加大刺激强度和提高大脑细胞的兴奋程度来提高记忆牢度。一般知识和日常事物如同过眼烟云，而遇险的场景、受辱的情景和自己用心思考写成的文章却终生难忘。其差别在于后者刺激强度大。一次严肃的考试，你很容易答出的题会很快忘记其内容，而很费劲儿才答出的题或者没有答上来的题，会长时期不忘。这在心理学中叫做"蔡戈尼效应"。

根据这一原理，想让大脑对要记的东西产生刺激，记得更牢固，在学习上就可采取过度学习记忆法。如读十遍刚好把教材记住，若就此停止，不再练习，可能很快就会忘掉。为了使记忆能保持久远，应再多加练习，这多加的学习称为"过度学习"。如学骑自行车，第一次学会之后，必须再不断地练习，直到熟练，以后就是多年不骑也不会忘掉。信息经过一定通路进入大脑，并按照一定的神经元回路不断重复回转，这一状态还要经过一定时间才能巩固。因此，建议读者在学习中，学习时间和学习内容要相对集中，并适当地运用过度学习的办法，否则记忆的内容很容易遗忘。集中的学习时间，少年以 30~40 分钟为宜，青年以 50~100 分钟为宜。如熟读一篇文章，读到一定时间或一定次数便能一字不错地复述出来，称之为"适足"，以后再接着读便是过度学习。

德国著名记忆心理学家艾宾浩斯曾做过这样一个实验，他列出几组 16 个无意义音节，到刚好能背诵之后，有一组无意义音节他又再多读了 8 次，有一组再多读了 16 次，直至最多读了 64 次，间隔 24 小时后，艾宾浩斯再复习了这些音节直至能背诵为止。结果发现，保持的百分比几乎与他学习时能够背诵后所多读的次数相当，即多读 8 次，就能多保持 8%，读 24 次则多保持 23%，超读 64 次的则多保持 64%，并且这个数字成了"极限"。也就是说，过度学习能提高记忆的保持量（记住量），记住量的多少与超额学习的遍数（在一定范围内）成正相关。所以，当你在对复习材料刚达到能背诵的程度后，请不要马上停下来或转移记忆对象，应继续多读几遍。这样有利于记忆的巩固，提高复习效率。

← 训练："过度学习"的技巧

由于过度学习记忆是一种机械记忆，一般用于对材料的复习。这就需要强迫自己去记住那些不易记住而又必须记住的材料。其主要特点是反复记忆，舍得下工夫，还需要注意掌握一些记忆的基本技巧。你可以采取以下几种方法。

1.闭上眼睛想

这是一种记忆与回忆相结合的方法。记忆包括"记"和"忆"两个环节，记是储存信息的过程，忆是提取信息的过程。有的人在学习的时候，喜欢抱着书本背个不停，这好不好呢？当然，我们不能说他不好，但最好的方法是记忆和回忆、反思相结合。因为回忆可以检测出我们哪些东西已经记住了、哪些东西还没有记住，增加记忆的目的性。另一方面，回忆要比记忆的速度快很多，也有利于知识的提取训练，使知识的贮存和提出两个环节都变得流畅！读完一课或一本书以后，为了加深记忆，闭上眼睛，借助于回想来强化记忆。闭上眼睛可以断绝外界的种种视觉刺激，使思维高度集中。这时，可以尽快地回忆。如能每天晚上睡觉之前，在脑子里像过电影一样，把一个个场景、画面或数字、单词再显出来，比你以后再找大量的时间来学习效果要好很多。

2.拿起笔来写

"好记性不如烂笔头"，"最淡的墨水也胜过最好的记忆"。在写东西的时候，你会对你所记忆的内容作进一步的思考，印象就更加深刻。

3.讲给别人听

讲的途径有多种:回答问题是讲,同学间相互提问回答也是讲。这样有助于促进思维的敏捷和连贯,从而加深记忆。

记忆须反复练习,不断使用,才能牢固。相信自己有能力,相信自己能够创造奇迹,赶快行动起来吧!领先一步,你就是赢家!

← 应用：过度学习要把握"度"

过度学习有利于提高信息的保持量，过度学习次数与保持成正比，即复习次数越多，记忆保持率越高。但过度学习的遍数太多了，超过范围，则会出现"报酬递减"的情况，那不也会浪费你宝贵的时间？这就涉及过度学习以多少为宜的问题。实验证明，假如以数字 100 表示为适足，即刚好能背诵时所花时间，则过度学习在 100~150 之间的最为经济，150~200 的学习不够合算，150 是最佳时间或次数。虽然保持量总体会增多，但得不偿失。因此，过度记忆法不是没有时间和次数的限制，"适足"的时间或次数则效果不够显著；过多的过度会使人疲劳、厌倦、注意力涣散。相信通过以上内容的阅读，你一定有所收获，也一定会有很大的启发吧？

朗读以下文字并达到背诵。

未来的时代，我们寻求安全，我们期待有一个以四大自由为根本基础的世界。

第一是言论自由，遍及全世界。

第二是信仰自由，遍及全世界。

第三是免于匮乏的自由,对全世界来说,就是经济互谅,保证各国人民都过着健康和平的生活,遍及全世界。

第四是免于恐惧的自由,对全世界来说,就是世界性彻底裁军,裁到各国都无力发动对邻国的侵略,世界各地都一样。

(节选自罗斯福总统 1941 年国情咨文 《四大自由》)

第十三章
开头末尾记忆法：记忆的首因和近因效应

在记忆过程中，先记住的事物对后记住的事物有前摄抑制作用；后记住的事物对先记住的事物也有倒摄抑制作用。由此记忆具有首因效应和近因效应。即最先看到的和最后记忆的材料都能留下较深的印象，回忆起来也较容易，而中间的部分除非一些特殊的材料通常都不容易想起。

← 原理：开头和末尾受到的干扰少

我们每个人在这方面都有很深的感受，在和别人第一次见面时，给别人的印象分往往决定了你以后和他的关系。还有比如当你背了大量的英语单词后，能回想起来的，大概也就是开始的和最后的几个。中间的部分差不多都已经遗忘了。

美国心理学家何蒲兰德博士曾做过这样的实验，他把 12 个单词排成一行，让别人来记忆。试验结果表明，几乎没有人会记错第一个词和第二个词，从第三个词开始，错误渐多，第七、第八个词错误最高，往后，错误逐渐减少。第十二个词的正确率和第二个词一样高。类似的现象是普遍存在的。

这是为什么呢？

心理学的研究还告诉我们，前后识记的内容会相互干扰，从而影响记忆效果。在记忆过程中，先记住的事物对后记住的事物有抑制作用，叫前摄抑制（我们用→表示）；后记住的事物对先记住的事物也有抑制作用，叫倒摄抑制（我们用？邢表示）；那么，记忆的序列则为：

A⇌B⇌C⇌D⇌E⇌F

可见开头 A 和结尾 F 只受单向抑制，中间部分 B、C、D、E 则受双向抑制，越是中间的部分，受到的抑制越强烈。

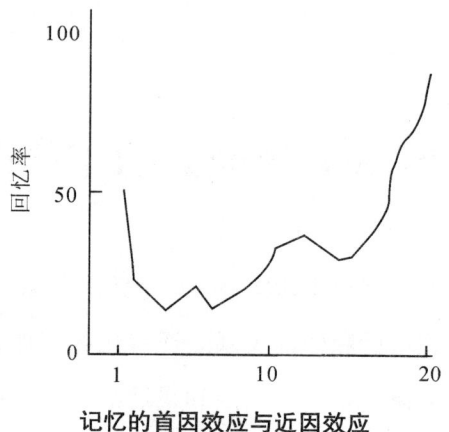

记忆的首因效应与近因效应

　　我们在记忆的过程中常常能够体会到这一点：最先看到的和最后记忆的材料都能留下较深的印象，回忆起来也比较容易，而中间的部分除非一些特殊的材料通常都不容易想起。这就是记忆的首因效应和近因效应。

← 应用：运用重视头尾记忆法的技巧

懂得了记忆材料受前摄和倒摄抑制影响的规律之后，我们在记忆学习中就应尽量减少前摄抑制和倒摄抑制对记忆的影响。怎样利用记忆的这一特点呢？

（1）把重要的事情放在开头和结尾去记。若是讲话，应该把要紧事先讲给大家，结尾时候再强调一下。这样大家对你想说的内容就有一个较深刻的印象，从而达到自己的目的。

（2）记忆大篇幅的材料，可采取分段记忆法。这样每段都是有开头和结尾，就人为地制造了增进记忆条件。比如背诵李白的长诗《梦游天姥吟留别》，一口气背下来无疑很难，但可将其分为数十小段，背得轻松，记得时间还长。

（3）一次记忆若干名词或大题可改变其次序，每记一次就换一个开头和结尾，平均分配复习的力量。化整为零，增加头尾，也是避免前摄抑制和倒摄抑制的好方法。

一次连续记忆大量知识以致知识相互"打架"，彼此干扰。若将记忆的大量材料，分成小段记忆，记忆一部分，巩固一部分，则每段都有开头与结尾。在长时间学习中，中间要有休息时间，或记忆与非记忆交错进行，这样也增加了记忆活动的开头和结尾的次数。记忆的头或尾中，无前摄抑制或倒摄抑制，记忆效果好。

（4）合理地组织识记材料，尽量使前后相邻的学习内容截然不同，防止抑制作用的发生。

例如，刚学完历史，不要去学语文，以减少材料之间的相互影响。把难度较大的材料放在学习的开头与结尾，也是避开倒摄抑制或前摄抑制、改进记忆效果的良策。

（5）合理安排时间。早晨醒来后抓紧时间学习，记忆效果好。因为经一夜休息的大脑是空空的，没有前摄抑制的影响；晚上学习过后就睡觉，不受倒摄抑制的影响，所以临睡前把笔记读一遍或闭目回忆一遍当天所学的内容，效果不错。

我们要充分利用早晚这两段"黄金时间"。头天晚上临睡前记忆的材料，第二天早晨一觉醒来便复习一遍，效果会更好些。可以利用它们记那些难度较大的材料。再者，在长时间学习中，中间要休息休息，时间最好是 10~15 分钟，这样，又增加了开头和结尾的次数。

总之，充分利用开头和结尾会使你在同样的时间内，用同样的精力取得显著的记忆效果。

在实际应用过程中要注意两点：

第一是其在需要较长时间的记忆过程中同样可以适用。如果记忆是一个相当长的时期，要注意不能忽视尾的作用。什么意思呢？就是说无论你以前曾经把要记忆的内容背得有多么熟练，在最后要用到的时候，一定要加以复习。在参加考试或是考核之前，适当地回顾对记忆的重新强化会起着十分重要的作用。切忌"虎头蛇尾"。

第二是重视头尾记忆是用来提醒读者不要忘记了头和尾在加强记忆中所起的重要作用。可以利用它来使印象深刻。重视头尾记忆，并不意味就可以丢弃中间的部分。正相反，由于中间部分容易忘记，我们才采取化整为零，化繁为简，增加头尾的方法。对于那些无法缩短、很难分段的记忆资料，此时的"照顾两侧，强化中间"的策略的应用就极为重要了。

　　李白的名诗《蜀道难》整篇可以分为相对应、结构十分相似的三部分，但由于是文言文，三段内容的内部文字读起来就会觉得有记忆的困难。这样就必须加强对文字内部的记忆。可以用理解记忆法、触景生情记忆法和重视头尾记忆法相结合，你可以联想一下蜀国的地形是如何的险要，再顺着作者爬山的过程与思想发展的过程，就可以把整篇文章基本上给顺出来了。

蜀道难

噫吁嚱，危乎高哉！

蜀道之难，难于上青天！

蚕丛及鱼凫，开国何茫然！

尔来四万八千岁，不与秦塞通人烟。

西当太白有鸟道，可以横绝峨嵋巅。

地崩山摧壮士死，然后天梯石栈方勾连。

上有六龙回日之高标，下有冲波逆折之回川。

黄鹤之飞尚不得过，猿猱欲度愁攀缘。

青泥何盘盘，百步九折萦岩峦。

扪参历井仰胁息,以手抚膺坐长叹。

问君西游何时还?畏途巉岩不可攀。

但见悲鸟号古木,雄飞雌从绕林间。

又闻子规啼夜月,愁空山。

蜀道之难,难于上青天,使人听此凋朱颜。

连峰去天不盈尺,枯松倒挂倚绝壁。

飞湍瀑流争喧豗,砯崖转石万壑雷。

其险也若此,嗟尔远道之人,胡为乎来哉。

剑阁峥嵘而崔嵬,一夫当关,万夫莫开。

所守或匪亲,化为狼与豺。

朝避猛虎,夕避长蛇,

磨牙吮血,杀人如麻。

锦城虽云乐,不如早还家。

蜀道之难,难于上青天,侧身西望长咨嗟。

第十四章
图表记忆法：一张图表搞定记忆难题

　　图表记忆就是把学习材料编制成图表进行记忆的方法。图表记忆法是帮助记忆信息恰当存放，方便提取的好形式。图表的作用就在于提纲挈领地表列事物，既能缩减资料的体积，又能扩大对资料的记忆量。

← 原理：图表化的东西有利于整体记忆

上述事例就是由于使用了图表记忆法，从而大大地提高了记忆的数量和效率。图表记忆就是把学习材料编制成图表进行记忆的方法。图表记忆法是帮助记忆信息恰当存放，方便提取的好形式。图表的作用就在于提纲挈领地表列事物，既能缩减资料的体积，又能扩大对资料的记忆量。在编制图表的过程中，大脑进行积极的思维，使知识不断地简单化、条理化、特征化。

其实，我们对图表记忆法是很熟悉的，在日常生活中往往就不自觉地利用到了它的便利之处。如果您到商店去购物，尤其是购买那些操作复杂，注意事项繁多的家用电器，必定要先看看说明书。某些商品说明书是用专门术语编写的，人们看了往往不易理解，令人望而却步；而另一种商品说明书文字不多，使用一些图表和照片，做得精巧、美观，使人对产品的性能、注意事项一目了然，并且久久不忘，因而增强了购买的欲望。在机场，人们可以看到一张航空公司的乘机须知，用图画表达出在什么情况下应该做什么，不同肤色的人都能看懂。同样的，我们看书，主要依靠对文字符号的理解，可是对于理解能力较差、缺乏想象力的人，不能很好领会文中叙述的内容怎么办？如果在书上配有图片、照片、表格、图示，那就显得容易接受得多了。对于比较复杂的问题，用一种自己编制的一些比较的、分类的、概括的表格记忆，也要比单纯记忆文字容易。

为什么图示要比文字容易记忆呢？

这是因为,人们在阅读文字的时候,是依靠词语转换成具体事物的表象来理解和记忆的。如果阅读能力差,或想象力差,或对所阅读的知识内容毫无所知时,就不能转换成具体事物的表象。理解困难,自然也就记不住了。但是,如果所阅读的材料有图解或图片,哪怕是初次接触,也能在一瞬间通观全局,使之变得易于理解,也易于记忆。

　　再说图表是自己用心编制出来的,在制表过程中,你的大脑区有关区域已经处于高度兴奋中,它在寻找、在分析、在比较、在综合,把知识整理得有条不紊,一旦需要,你就可以任意提取了。

← 训练：如何做图表

由于利用图表能很简明清晰地揭示事物间的关系，便于我们掌握系统的知识，图表在我们的工作和学习中被广泛地采用。例如，门捷列夫的《化学元素周期表》《世界各国（地区）面积、人口、首都（首府）一览表》《我国历史朝代年表》等，看起来都一目了然。在制作图表时，要从以下方面考虑并训练自己。

1.尽量做到文字简洁

图表中的文字要尽量简洁，甚至用字头法简化。要是能利用简单的图形或符号代替文字，记忆效果更好。例如，列个图记修辞方法，"设问"用"?"号，"反问"用"!"，回忆这些形象就比回忆文字容易。

2.尽量做到理解

使用图表法记忆，一定要理解图表内容，有的人企图靠看一张《历史复习表》就去参加考试，那是不行的。司马迁在讲到《史记》中的表时，说那是"备成学之人览其要"。谁"未成学"就想走捷径，非栽跟斗不可。

3.尽量做得更视觉化

在读书时，不仅用文字写出要点，更应画成图表，除加强记忆外，并可训练视觉化。现在的语文、英语、历史等科，论述题和问答题有增加的倾向，即使在掌握一个题目的要点时，训练图解能力也非常重要。例如，因果关系、时间、人物等，如能画成图表，可使记忆清晰、提高读书效果，而且依视觉来整理笔记，一旦把笔记合起来，图表的内容会浮现脑际，极有助于记忆的复现。

有时候，用粗笔写字或用彩色笔画图形，更会产生立体效果。如果创作并表现出自己独特性的记号，那么，从你写下这个记号之时起，记忆就已经开始发挥作用了。

现在的一些参考书中，有用几种颜色印刷的图表，大概也是为了帮助记忆吧。

← 应用：图表类型范例

图表法的使用范围非常广泛，类型多种多样。

1.一览表

这种表的特点是直接、简洁、清楚。如地理学习中对"无霜期"的描述是："从头一年秋季的初霜到第二年春季终霜，这一段时期称为霜期。除掉霜期，一年中其他的时期就是无霜期。"假若设计以下图表来帮助记忆，就容易多了。

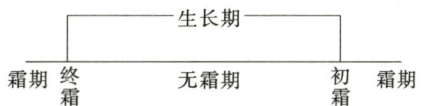

2.系统表

在考试前复习时，记忆量往往很大，就可以把要记的内容按照主次、衍生、并列等关系做成一个系统表。这样一来要记的东西就更加清楚了。有经验的教师常给学生画"知识树"，把自己所教授的内容总结归纳起来，便于学生理解和记忆。

例如，某小学一年级的语言教师在期末总复习时，把全学期语文课的主要内容都画在一棵"知识树"上。这棵树的主干上分出几大枝干：第一枝干是汉语拼音，第二枝干是拼音识字，第三枝干是组词，第四枝干是组句等。每一枝干上又有几个细枝。每一细枝上又有数个叶片，每个叶片上分别写着各个字母和文字。复习时，脑中就很容易浮现大树的具体形象，一年级小学生顺着各枝条一一回忆，很容易地就可以复习和牢记了整个学期的语文教学内容。

3.比较表

抽象复杂的地理关系，单靠综合性的语言文字记忆是困难的，借助各种图表来理解和记忆就比较容易了。如我国四大边缘海的特征可归纳如下图：

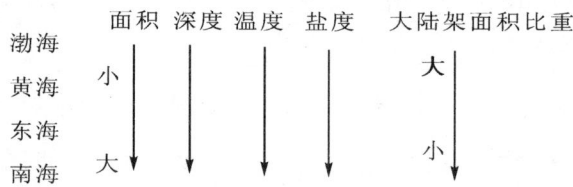

4.统计表

如某时期的历史史实归纳：

统一王朝的名称	统一的时间	都城	统一者的姓名	最后灭掉的政权	结束了什么局面
秦	前221年	咸阳	嬴政	齐	结束了长期以来诸侯割据称雄的局面
西晋	280年	洛阳	司马炎	吴	结束了三国鼎立的局面
隋	589年	长安	杨坚	陈	结束了南北朝对峙的局面
元	1279年	大都	忽必烈	南宋	结束了五代十国以来的分裂局面

5.关系图

你要想记忆"时间""速度"和"距离"三者之间的关系，可以画这样一个右图来表示。

当你盖住上面的"距离"，下面的"速度"和"时间"就并列在那里。立刻会使你记住"距离＝速度×时间"；如果盖住"速度"，就会露出上面的"距离"和下面的"时间"，使你想起"速度＝距离÷时间"；如果盖住"时间"，上面露出"距离"，下面露出"速度"，也会使你记住："时间＝距离÷速度"，三者的关系一目了然。

同样的，在记忆"电压、电流、电阻"以及"质量、密度、体积"的关系时也可采用这种图表。

学习细胞亚显微结构、动植物个体发育等知识，可充分利用模型、挂图、课本上的插图等，将形象的图形与抽象的文字结合起来记忆，也可将复杂的文字叙述转化为简单的示意图来记。如呼吸全过程内容较多，可在学习了课本上的图解后，将其转化为如下的示意图：

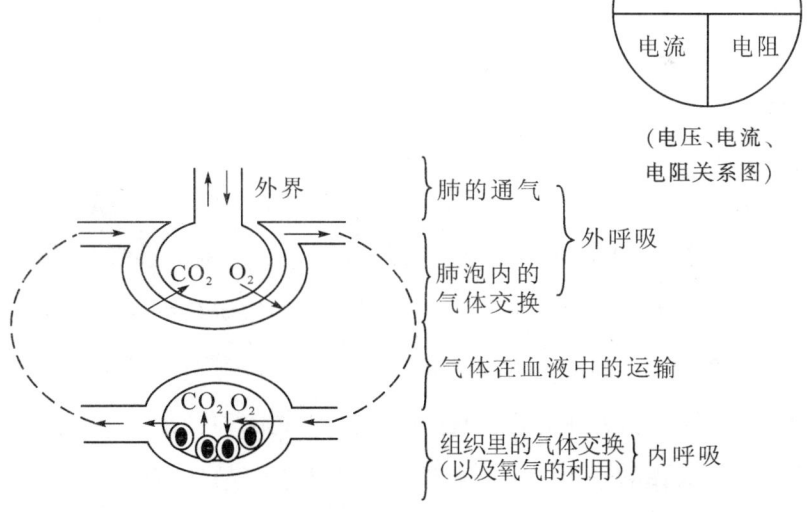

6.示意图

在对价值规律的记忆过程中，如果对供与求、价格与价值的关系不是太清楚的话，可用下表记忆：

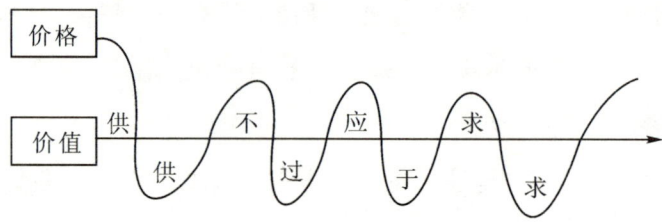

7.网络图

对马斯洛人类需求各层次的图解：

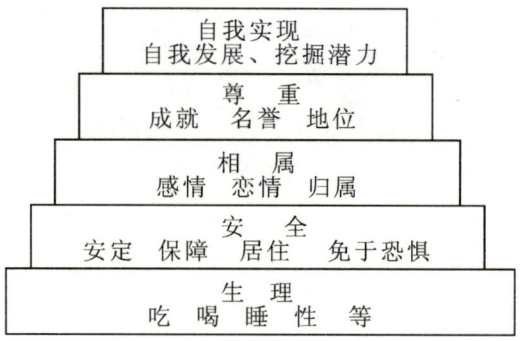

对一些数理计算中比较复杂的公式，图表记忆法也不失为一种好的方法。

写文章好像和图表记忆没有直接联系，其实不然。许多人都学过怎样写文章的许多具体方法，可就是不能综合运用这些知识。往往写着前面就忘了接下来要怎么写了，所以写起文章来就顾此失彼，写不成样子。这时如果能画一幅"登山图"就好了。画一座山，从山脚到山顶画出许多台阶，每一台阶上写上一条写作的步骤。统筹好以后，心里有了整体概念。每当开始写作时再想一下："我要登山了。"此时，整个"登山图"就会清晰地浮现在眼前，写时便不至于丢三落四，就一定能写出逻辑分明、结构紧凑的好文章来。

总的来说，还是由于图表比文字信息更接近形象信息的关系。所以在我们记忆某些事物时，要尽可能地采用图像、图示、图片，尽可能地画得整洁、简练、色彩分明，来减轻记忆时的负担，以期得到更好的记忆效果。

　　为了记忆而绘制的图表，要尽量做到整洁、清楚，用色彩区分、描绘出立体感就更好，因为这样能给人深刻印象。在一些展览会里，模型、实物配合图解，记忆效果最为理想。图形和图表不光可以单独使用，还可以把整个一本书的内容都画下来，再把各部分的内容用字头法等简化一下，然后串联起来编成朗朗上口易记的歌诀或有趣的句子，就容易记得多。

　　你可以通过以下练习描绘你想记住的任何形式的重要信息，无论它是视觉信息、言语信息，还是书面信息。你可以在事情发生时运用这种方法，也可以在事情发生几天后、几周后甚至几月后使用这种方法帮助你记忆。

　　（1）准备一张纸和一支铅笔。

　　（2）在纸的中央把重要事实（一个或几个）写下来。

　　（3）在它及你随后写下的所有项目周围各画一个圆圈。

　　（4）把与中心事实有关的要点及二级要点写在中心事实的周围。

　　（5）用线条表示有关二级要点与中心要点的联系。

　　（6）注明每条连线分别表示什么联系。

　　（7）在二级要点周围写出与之有关的观点，在该连线的地方画线条，并注明各三级要点与各二级要点及中心要点之间分别有什么联系。

　　（8）继续上述步骤直至结束。

第十五章
间隔交替记忆法：适时按下记忆的暂停键

　　长时间记忆一种知识，除了大脑的疲劳会导致效率变低外，还会受到前后识记的内容之间的相互干扰，从而影响记忆效果。为减少影响，可以把对不同识记材料的识记交叉起来进行，缩短连续识记同一种材料的时间，使前后识记的材料较少相似性。

← 原理：避免大脑疲劳，转移兴奋中心

车尔尼雪夫斯基说："变换工作就等于休息。"

实验证明，长时间单纯识记一门学科知识的效果并不好，因为具有相同性质的材料刺激脑神经过于单调，时间一长，大脑相应区域很容易负担过重而疲劳。这时，就会出现头晕、注意力不集中等现象。为了避免这种现象的发生，一般学习1个小时左右，最好放松几分钟：站起来走走，到室外转转，然后换另外一种性质的学习材料。这样有助于"转换大脑的兴奋中心"，能消除抑制，增进大脑工作效率。

古今中外很多成功之士就利用这种方法。马克思在写《资本论》时，穿插演算高等数学，有时到室外去散步。物理学家、化学家居里夫人在谈到自己的学习方法时说："我同时读几种书，因为专门研究一种东西会使我宝贵的头脑疲倦，它已经太辛苦了！"

18世纪法国启蒙思想家卢梭也采用间隔交替法读书，他常常这样安排时间：早上攻读哲学，中午翻译地理、历史，还在学习中穿插一些体力劳动，这使他的学业大有长进、记忆效果特别好。

长时间记忆一种知识，除了大脑的疲劳会导致效率变低外，心理学的研究还告诉我们，前后识记的内容也会相互干扰，从而影响记忆效果。即存在前面提到过的前摄抑制和倒摄抑制现象。

为了降低这种抑制，可以把对不同识记材料的识记交叉起来进行，缩短

连续识记同一种材料的时间,并使前后识记的材料较少相似性。研究表明,内容的相似性越大,相互间的干扰也就越大。即便材料不同,也存在相互干扰。

看似好像是谁都知道的道理,在实际中,却有好多学生因为不了解间隔交替记忆的好处,下课不出屋,抓紧做习题,一本书不翻到头不罢休,分分秒秒都舍不得,真是连轴转,日复一日,年复一年,弄得筋疲力尽,结果收效甚微,有的同学则不然,学习有规律,生活有节奏,虽然没有泡时间,但是成绩突出,效果惊人。哪种是科学的学习习惯,这是十分清楚的。

← 训练：间隔交替要科学

列宁在给他的妹妹的一封信中说："我劝你按现有的书籍正确地分配时间，使学习内容多样化。我很清楚地记得变换阅读或工作的内容，翻译以后改阅读，写作以后改做体操，阅读有分量的书之后，改看小说，是非常有益的……不过最重要的是不要记忆每天必须做体操，每天要使自己做几十种（不折不扣）不同的动作，这是非常重要的。"列宁在这里讲的就是交替记忆。

这种交替，一方面是不同的学习内容，不同的学科互相交替；另一方面是学习和休息、学习和体育锻炼相交替。科学地用脑才会取得最好的学习效果。

因此，在我们的学习中要从以下方面训练自己。

1.学习负担要适当，材料要有穿插

我们现在学习的东西都较多，但遗忘的百分率也就越高，造成记忆困难。因此，不要贪多嚼不烂，欲速则不达。此外，由于大脑细胞是有分工的，应根据此规律，经常交替学习材料，使大脑兴奋中心转移，减少内容相近的科目相互干扰，消除抑制，提高大脑工作效率。

2.时间要有间隔

不同年龄阶段的人大脑注意力持续的时间是不一样的。一般来说，中学生对一门功课注意力最集中的时间是 30~45 分钟，大学生能够保持 60~70 分钟。参加工作后就更长一些，大约 2 个小时。

把握住个人不同的规律，就容易提高记忆的效率。当注意力不集中时，就可以安排一次休息，到户外做做运动，可解除大脑疲劳，又可巩固已学知识。课间操，就是把上午一个记忆序列打断，变成两个记忆序列。午睡，更使上下午之间的抑制降低到最低程度，以恢复下午与晚间学习的精力。

3.抓紧体育锻炼

由于长时间思考、记忆，大脑血液会减少，记忆效果随之下降。适时进行体育活动，促进全身血液循环，消除疲劳，精神焕发，再进行阅读记忆，从而提高记忆效果。

4.材料选择

在不同的记忆材料间转换时，要尽量避免材料的性质差别太大，这样容易造成知识连接的困难、思维不活跃。

5.避免做分心事

在学习休息的时候，尽量不要去做一些让学习分心或过度疲劳的事，如玩电子游戏、踢球等。从而使思想不能很快地进入学习的状态，浪费很多的精力。

← 应用：交叉记忆学英语

很多人总说英语单词不好记，其实是没有找到好的记忆方法，采用交叉记忆法会收到意想不到的效果。每天早上起床时就可以背 5 个单词，吃饭时就可以加深印象，上午放学或是下班之前再背 5 个，在路上可以回忆，下午和晚上可同样。这样，一天 20~30 个单词就轻松地背下来了。如果你需要快速提高英语，那也可以在背英语单词的中间还可以看看英语电影或放放英文歌曲，总之，目的就是不要让学习的内容单一。

在具体应用时将交叉记忆别的记忆法相结合效果更好：

（1）读、思、练习的不同学习方式要交替使用。口、眼、手、脑协同使用——多通道记忆法。时而背诵记忆，时而回忆记忆，时而运算记忆，时而改错记忆，时而争论记忆，时而抄写记忆，当然以眼、耳、口、手、脑协同记忆效果最好。

（2）内贮记忆与外贮记忆交替。内贮记忆主要指以大脑为仓库，外贮记忆主要指利用资料和工具书，做卡片、剪贴、摘抄进行记忆。如卡片记忆法、图表记忆法、归纳记忆法等。

（3）做到经常回忆——尝试回忆记忆法。实验证明，记忆与回忆交替进行的复习方法是提高复习效果的有效方法。有位细心人发现，陈景润读书时，其宿舍的灯时亮时灭，那人很纳闷，后来才知道，原来陈景润在运用阅读、回忆交替法读书。他先打开书，然后，灭灯躺在床上回忆思考，弄懂了，记住了，开灯检查一遍，弄不懂或记不住的地方就再读读，直到理解、记住才继续往下读。因此他读书的效果格外好。

迅速扫视一遍下面的项目，然后做其他的事，10分钟后检验自己记住多少。

拿破仑　1818　水母　BACK　口水　救生员　蓝天　6B　2A

雅典娜　歌剧　美人鱼　小船　铜剑　奥运会　蓝球　股票

第十六章
纠错记忆法：不怕记不住，就怕没有错

　　纠错记忆通过纠正记忆上的错误以获得正确的记忆，并加以巩固。错误使得对正确的内容产生深刻的印象。运用纠错记忆法，包含着识错、析错和改错三个步骤。通过纠错，能加深对正确知识的理解和记忆。

← 原理：错误让人记忆深刻

爱因斯坦曾说过："一个人在科学探索的道路上，走过弯路，犯过错误，并不是坏事，更不是什么耻辱，要在实践中勇于承认和改正错误。错误同真理的关系，就像睡梦同清醒的关系一样。一个人从错误中醒来，就会以新的力量走向真理。"

有人拿到判完的考卷，见上面有红笔画的"×"就一扔了事。在做习题后看到有很多的错误也就不耐烦了。这其实是一种正常的反应。当球迷们看到自己喜欢的球队输了之后，根本就不想看第二天报纸所刊登的消息。相反的，若是赢球时，就会急着去看。

比如中国台湾的少年棒球队荣获世界少年棒球冠军时，第二天报纸的销路特别好，就是这个原因。社会心理学家费斯丁吉，称这种现象为调和与不调和的理论。当接触到不愉快的消息时，自然会造成不调和而无法轻易地接受。

但是，如果能够超越自我的不调和，而去接受那些令人不愉快的错误，则记忆的痕迹反而会变得鲜明而确实。经过一番努力之后，比较容易记忆，考完试以后，若不好好地检查看看，随后就把考试答得不好的考卷扔到废纸篓去，这样是永远不会有好成绩的。

"只有什么事也不做的人才不会犯错误"，只要做事，只要生活，只要去学习，便有犯错误的可能，这是不可否认的。但是犯了错误则要求改正，改正得越迅速越彻底越好。俗话说"吃一堑,长一智",就是说犯过错误或吃过大亏以后容易在头脑刻下深深的印迹,甚至一辈子也忘不了。纠错记忆正是利用了这个原理。

← 训练：认识、分析、改正错误

纠错记忆通过纠正记忆上的错误以获得正确的记忆，并加以巩固。错误本身并不值得记忆，但是由于产生了错误，反而对正确的内容产生了深刻的印象。通过改错建立正确的认识和记忆，这就等于是向错误索回了补偿。

运用纠错记忆法，包含着识错、析错和改错三个步骤。

1.认识错误

古语说："知彼知己，百战不殆。"学习上也是如此，要想取得学业的成功，首先必须了解自己，找到自己的薄弱环节加以突破，发现记忆上的错误，这需要积极在学习中寻找。有备而战，才能立于不败之地。那么，怎样寻找自己的记忆错误之处呢？例如，检验自己对化学试验原理和操作步骤的掌握，就要亲自动手。俗话说，"百闻不如一见，百看不如一验"，亲自动手实验不仅能培养自己的动手能力，而且能加深我们对知识的认识、理解和巩固，操作过程中容易出现的错误才能熟记于心，成倍提高学习效率，比只看书上讲的要掌握得快且牢得多。因此，必须自己亲身体验所犯的错误。

再一个就是加强学习资料的利用。老师批改过发回的试卷，你自己自测的题目，都是你了解自己、提高学习的极好材料。可惜的是许多人不珍惜这个材料，仅看一下大概的对错，就扔到一边去了。岂不知，自己做过的题目可以说明你掌握了什么和你还有哪些知识未掌握，存在哪些不足。因此，当你拿到试卷后和对完答案后，要坐下来认真地分析一下，对凡是做错处都要分析原因，并进行分类统计分析。

2.分析错误

析错，即分析记忆上的错误产生的原因、根源；通过分析，找出自己的薄弱点。如：审题粗心错误、笔误（属过失性失分）；概念混淆、公式利用错误（属知识性失分）；运算繁琐、步骤不全、格式不规范（属技能性失分）；考场上大脑一片空白，交卷出场后便一清二楚（属心理素质失分）。另外，对于"得分"原因的分析，要分清其所得分是靠科学方法取得的，还是死记硬背得来的？是确有把握做对的，还是侥幸碰对的？这样才能真正发现自己学习上的薄弱环节。

3.改正错误

改错，即改正记忆上的错误。改错是正确认识的开始。改错能为学生提供新的深刻的信息反馈。所谓"吃一堑，长一智"，因此要有意识地通过改错让学生加深记忆。如在两个班（同学的学习成绩相近）留了两种不同的作业。甲班的作业是：抄写"真正""直面""淋漓""哀痛""流驶（shǐ）""微漠"，并给"涤""暂"注音。乙班的作业是：下面一段话有 6 个错别字，两处注音错误请改过来。

真的猛士，敢于直面惨淡的人生，敢于正视淋漓的鲜血。这是怎样的哀痛者和幸福者？然而造化又常常为庸人设计，以时间的流微，来洗涤（tiáo）旧迹，仅使留下淡红的血色和微漠的悲哀。在这淡红的血色和微漠的悲哀中，又给人暂（zhǎn）得偷生，维持着这似人非人的世界。

甲、乙两班的作业形式不同，但目的是一样的，当堂测验的结果却大不一样，以对 7 个知识点为优秀，甲班的优秀率为 65%，乙班的优秀率为90.8%。为什么会有这种差别呢？主要是乙班运用了改错记忆法。我们具体分析一下，甲班同学在完成作业时，把那 6 个词照抄一遍，然后给那两个字注音。用心的同学可能留下一些印象，粗心的同学匆忙做完，恐怕留不下什么印象。乙班的同学则不然，他们得逐个分辨，找出错误之所在，然后把错误改过来，写上正确的，这要有一个从错误到正确的认识过程，经过一番正误的对照，所以给大脑打下了深刻的烙印。成绩自然比较突出。

为了达到纠错记忆的目的，你也可以为了记忆正确的内容而巧妙地设计错误的内容以便特意提示并将错误改正的方法。这样你就必须注意不要把正确的和错误的内容搞混了，反而起到相反的作用。

← 应用：改错要有正确心态

运用改错记忆法首先要能够重视错误，认真对待自己的失误。重视，才能把准确的知识在我们大脑里留下较深刻的印象。大发明家爱迪生曾经说过："失败也是我需要的，它和成功一样对我有价值。只有在我知道一切做不好的方法以后，我才能知道做好一件工作的方法是什么。"在学习中，我们也应该取这种态度，改错不能局限于自己，更重要的是从别人的失误中吸取教训。"前车之覆，后车之鉴。"别人走的弯路我们大可不必也走一遭。学习和工作中，经常注意别人的过失错误，引为己鉴是非常重要的。纠错记忆还要求经过认真的分析和思考，深挖致错的根源，这样才能加深对正确知识的理解和记忆。现在，许多学科的考试中都有了改错题，就是企图运用改错来加强学生对知识的记忆。

善于改错是一种了不起的本领。我们应该提高识别过错的能力，缩短改正过错的时间，掌握改正过错的方法，以减少过错的次数，并发挥改错记忆法的作用，加深对正确知识的理解和记忆。

(1) 下列各组词语中有错别字的一组是：

A.具备万事俱备风声谈笑风生

B.求实实事求是世故人情事故

C.陈规墨守成规精心漫不经心

D.直接直截了当剧增与日俱增

答案：B

(2) 下列各组词语中，只有一个错别字的一组是：

A.翔实词不达意冷寞一愁莫展

B.痉挛不经之谈偏僻励精图治

C.风靡蘗根祸种攀缘始作俑者

D.倾轧气冲宵汉弘扬扑溯迷离

答案：C

(3) 下列各组词语中，没有错别字的一组是：

A.拖沓娇生贯养伶俐倜傥不羁

B.造次索然寡味迁徙惨绝人圜

C.描摹幅员辽阔惶恐法网恢恢

D.窥测慷慨激昂装帧提要钩玄

答案:C

第十七章
规定时间记忆法：记忆倒计时

　　在预定时间内，让自己完成某一记忆任务，这就是限定时间记忆。识记者给自己限定记忆时间，要求自己在预定时间内完成一定的记忆任务，能使自己产生紧迫感，各部的机能全部集中精力，通力合作对准要记忆的目标，从而达到较好的记忆效果。

← 原理：急能生智

在预定时间内，让自己完成某一记忆任务，这就是限定时间记忆。人的大脑有一定的惰性，在没有紧迫的记忆任务的情况下，常易产生松懈情绪，降低记忆的效率。识记者给自己限定记忆时间，要求自己在预定时间内完成一定的记忆任务，能使自己产生紧迫感，让自己精神振奋、头脑活跃，大脑会自动地摆出"背水一战"的阵势，各部的机能全部集中精力、通力合作对准要记忆的目标，从而达到较好的记忆效果。

到节骨眼上，人会使劲鞭挞自己进行记忆。所以，当发觉自己记忆的效率不高的时候，就可故意瞪着眼睛望着时针，限定时间进行记忆，必然收到良好效果。

当人全神贯注去记忆时，由于自身的惰性干扰、自我压抑、情绪波动干扰都能降到最低点，而潜在的记忆能力，在冲破这些干扰、压抑之后，当然容易开发出来，于是记忆效率常常是平常的2倍，甚至是3倍、4倍。这主要强调珍惜时间，意识到一分钟的宝贵，增强全身心进入记忆状态的能力。

如限定学生半分钟背一篇《论语》，98%的学生能在规定的时间内完成任务。虽然时间短，但效率高。在朗读、背诵时，给自己限定时间，规定数量，如1分钟背出一段文章，3分钟内读上两遍。读时逐步加快速度。先稍快，再加快，再特快，并要快而不乱、快而不错，迫使自己的注意力高度集中，使记忆信息迅速输入大脑，获得强烈印象，达到记忆的目的。

← 应用 1：对记忆时间的限定要适度

在运用限定时间记忆法时，所限时间的长短应根据记忆内容的多少和难易程度来确定。所限时间过长，就不能产生通过积极进取达到记忆目标的必要性；反之，更让人变得懒惰。所限时间过短，又会使识记者看不到达到记忆目标的可能性，从而丧失信心。

如把 26 个英文字母 a b c d e f g h i j k l m n o p q r s t u v w x y z 让一组读者限定 2 分钟记忆，若又把 26 个英文字母打乱排列成为 bevdwgtkaiy-hxnlrzpqmsoucjf，让另一组读者限定 2 分钟记忆。结果表明，第一组很轻松地完成了任务；第二组没能在规定时间完成，所用时间大大超过第一组。接下来做另一组实验时，两组都要求在 5 分钟之内记忆 12 个不相关的词：furniture，government，magical，emotional，notorious，coorperate，pressure，beneath，atmosphere，beneath，atmosphere，charming，diplomat，estimate，第一组 87%刚好能完成，而第二组只有 40%的人能完成。原因在于，当难度不同时，所规定的时间也要不同，不能想着自己一下就能把全部的都记住，这样很容易丧失信心。

由此，当我们遇到数量不大而又比较容易的材料时，就可以采用限定时间法把它一气呵成地记住。资料数量大且比较难时，可先用部分记忆法将其分割成几个部分，对每一个小的部分限定一个时间，最后再整体记忆一遍，仍然是大大节省时间。

如此看来，对记忆时间的限定必须适度。限定时间适度，明确了记忆的目的和记忆过程，用自我勉励和表扬法，自然记忆就轻松了许多。这样渐渐能坚定记忆的信心，培养记忆的兴趣。

← 应用2：对环境、身心的要求

使用限定时间记忆法时要做到以下几点。

1.创造良好的环境

如空气清新、正常的气温和相对的安静，可以较快地集中记忆力。

2.保证身心健康，并在学习过程中适当休息

一天到晚伏案苦读，不是良策。学习到一定程度就得休息、补充能量。如果记忆的时间过长，不但累得精疲力竭，而且事倍功半、得不偿失。不能在已经十分疲劳时，还强迫自己"限定时间记忆"。学习之余，一定要注意休息、锻炼身体。保持愉快的心情，全身放松注意力便能高度集中。

3.排除令你分心的因素，排除无关的思想干扰

为避免外界的各种纷扰，避免打断思路，在规定时间完成某项学习任务时，可暂时采取将自己封闭起来，隔绝与外界的交往，进行高效率的记忆来突破某些学习内容，以获得更好的学习成果。在学习的时候最好有陶渊明的"虽处闹市，而无车马喧嚣"的境界，只有你的大脑、思想在与知识交流。如果边看书边想别的东西，只能是一无所获。

⟵ 应用3：适用的人群和材料

因为面对考试，靠几天的突击复习是无法侥幸过关的。我们需要一种背水一战的心态，这种心态很有价值。当一个人遇到时间限制时，大脑会空前兴奋，全身心都投入到当前的活动中。如果我们人为将考试"提前"，将复习时间缩短，就可以调动全部潜能，进入高强度、高密度的记忆状态，由此大大提高单位时间的记忆量。事实表明，这种人为制造紧张空气的方法很有成效，尤适用于那些平时抓不紧、意志较薄弱的同学。

事实上当他在复习时，就应根据复习内容的难易及平日掌握知识的情况规定记忆时间，使自己在有限的时间内高度集中注意力，调动起各种器官参与到所要掌握的对象中。实践证明，心理活动或意识的强度越大，紧张度越高，注意也就越集中，效率也就越高。这一方法很适用于背诵语文精彩段落和文学常识。

最后，适合自己的学习方法才是最佳的学习方法，千万不要将别人的学习方法和经验之谈全盘接受，也大可不必将自己的方法完全否定。若你的学习方法已卓有成效，那就应坚持。若你认为自己的方法还不够理想，那也应逐步调整、逐步适应，往往不至于"三分钟热度"，而会有较好的效果。

限定自己用3分钟记忆韩愈的《马说》。

马说

世有伯乐，然后有千里马。千里马常有，而伯乐不常有。故虽有名马，辱于奴隶之手，骈死于槽枥之间，不以千里称也。

马之千里者，一食或尽粟一石。食马者，不知其能千里而食也。是马也，虽有千里之能，食不饱，力不足，才美不外见，且欲与常马等不可得，安求其能千里也。

策之不以其道，食之不能尽其材，鸣之而不能通其意，执策而临之，曰："天下无马。"呜呼！其真无马耶？其真不知马也！

第十八章
背诵记忆法：书诵百遍，其义自见

　　背诵记忆是一种特殊的记忆方法。它的要求就是要按照事物的固定次序，不分主次轻重，毫无差错遗漏地去记忆。背诵是记忆力的"体操"，经常做可以培养和锻炼人的记忆能力。

← 原理：背诵是记忆力的体操

背诵法是我们每个人都很熟悉的记忆方法。是呀，从上幼儿园背诵儿歌到上大学背诵自己专业范围的重要知识，哪一天离开过背诵呢？

背诵是一种特殊的记忆方法。它的要求就是要按照事物的固定次序，不分主次轻重，毫无差错遗漏地去记忆。

你知道吗？背诵不仅是一种有效的记忆方法，而且通过背诵还可以培养和锻炼人的记忆能力。俄国大文豪列夫·托尔斯泰之所以博闻强记，并非他有什么"特异功能"，而是他坚持每天做"记忆力体操"的结果。他曾经说过："背诵是记忆力的体操。"对此他身体力行，每天清晨起床后都要背诵一些必须记住的知识，就像做仓库，这样才使他如此博学多闻，写出了像《战争与和平》《安娜·卡列尼娜》那样的不朽著作。由此可见，重复的刺激有助于条件反射的建立和强化。实践证明，人的记忆力也和人的肌肉一样，只有锻炼才能增强。懒于记忆，从不背诵的人，记忆力不可能优良。

背诵可以使我们精确又牢固地掌握一些重要的知识。何以见得？让我们举例来说。试想工程师在工作中遇到紧急情况时，要先去查书找最基本的公式；教师在教学生背古诗时忘了原句要去翻课本……这种局面会有多么尴尬，有时甚至会误大事。这都说明对最基本、最重要的知识必须要牢牢记住，达到能熟练背诵、可以脱口而出的程度。否则知识再多，到关键时刻提取不出也是枉然。

董必武在一封信中教导他的女儿说："语言每课至少读十遍，有些课文要背诵。"古往今来许多伟大和知识渊博的人，大多与他们善于背诵、记忆力惊人有关。马克思、恩格斯、列宁都精通许多种外语，马克思能背诵许多歌德和海涅的诗歌，并在谈话中经常引用它们的诗句，增加了谈话内容的精辟性、哲理性和趣味性。如果他不善背诵，这是绝不可能做到的。善于、勤于背诵可以使我们的知识库存日益丰厚。我国古代早就有"熟读唐诗三百首，不会做诗也会吟"的说法。

← 训练 1：适机采用机械或理解背诵

背诵常常受到人们的非议，有些人还极力反对，认为背诵就是死记硬背，认为理解是基础，那么理解了不就行了，为什么还要背诵呢？

有人曾这样讽刺那些书呆子，说他们是"死读书，读死书"。其实，这种看法是一种偏见。实际上背诵是一种很复杂的记忆活动。

背诵也分为两种。一种是机械背诵，另一种是理解背诵。

机械背诵是指在并不理解记忆材料意义的情况下，靠单纯反复去背诵的方法。它虽然不太理想，但也有它的用处。幼儿园的孩子和小学低年级的学生，由于经历少、知识少，不可能理解很多和很深的知识。这种背诵有利于儿童早期智力开发。因为儿童虽然理解力较差，但他们的机械记忆力很强。虽然他们尚不理解材料的意义，但却能很容易地把它背下来。我国许多50岁以上的老人至今能流利地背出《三字经》《百家姓》的全文。这些都是他们在很小时候背会的，在当时根本不可能懂得其中的含义。幼年的机械背诵、记忆是牢固的，这对他们后来的学习有很大好处。稍事年长，理解力增强了，记忆便更加巩固了。

人到青少年时期，随着年龄的增长和知识的积累以及阅历的增加，理解能力增强了。他们便自觉不自觉地采用了第二种背诵方法，即理解背诵法。也就是说，在理解材料意义情况下，借助于反复背诵的方法去记忆。当然，在通常的情况下，机械背诵和理解背诵是联合运用的，因为他们本来就是相辅相成、密不可分的。

正确方法是要根据背诵者的年龄、知识水平和记忆材料的性质、特点，确定以哪种背诵方法为主。一般情况下，应该在理解的基础上发挥机械背诵的长处，并且把朗读、应用和背诵有机地结合起来，这样才能充分发挥出背诵记忆的优点。

← 训练 2：背诵的方法

背诵是掌握知识、积累知识、运用知识的一个有效的方法。为了提高朋友们的背诵能力，大家可以用以下这些背书的方法来提高背诵的效率。

1.画面背诵法

语文课文大多具有形象性，是具有一定表象意境的，你可以把文字变为一幅幅鲜活的、有生命动感的图画，从而把抽象变为直观，减轻背诵压力。具体而言，语文课本中许多课文都配有色彩鲜明、贴近内容的插图，看图背文，当需要背诵时，脑中浮现出图画，图文结合的线一联通，相应的文字也就呼之欲出了。有时课文没有插图，而课文的画面感又很强，就要求学生画画。

2.层次背诵法

通过理清文章的结构层次背诵。文章表面看上去杂乱无章，毫无头绪，其实是有章可循的，我们若是掌握了它的层次，背起来就容易多了。"会背书者背结构"，因而在背书之前，我们先理清结构、层次、句子，然后由句到层、由层到段，逐层逐段地背诵，直至全篇。把比较长的文章分成若干小段，背熟了第一段，再背第二段，然后把两段连起来背；接着背第三段，再与前两段连起来背。各个击破，效果会好得多。

3.默写背诵法

所谓"眼过千遍，不如手抄一遍"。采取默写手段，可有效地巩固已经背诵了的课文和知识，而且对加深记忆大有好处。因为文字本身就是一种图形和符号，经常默写可帮助我们促进右脑的开发。如果能切实做到循序渐进地长期进行默写训练，那么一定会有助于背诵的质量和效果。这也是运用内部语言背诵的一种形式，既用脑又动手，可加深对文章的记忆。一篇文章，就这样一段一段地把它"吃掉"。最后，遵循"整体→部分→整体"的原则，按照背诵各段的方法，再把全篇串联起来进行背诵。

当然，为了提高背诵的效率，选择最佳时间背诵也十分重要。一般来说，清晨的空气新鲜，头脑清醒，精神饱满，是背书的最佳时间。另外，在晚上临睡前大脑记忆不受其他信号干扰，学习的效果也胜于其他时间。

另外，选择最佳心态背诵。如果对背书没有信心，不论读多少遍，记忆还只是一个零。在吵闹、暴怒或心情十分激动的时候，背书的效率也会下降。因此，背书时必须充满信心，并保持平静的心理。

← 应用：把背诵与熟记有效地结合

因为熟记是一种复杂而高级的意义记忆，所以加深理解是前提。熟记是以充分理解为前提和基础的。所以，我们对所需记忆的材料要先了解大意，再逐步分析，从而抓住重点，最后贯通全部。其道理和步骤都和理解法相同，在此不再赘述。再采用反复阅读加尝试背诵的方法。反复阅读就是在学习时对所学的材料从头到尾的循环阅读。反复阅读和尝试背诵相结合就是先阅读几遍材料，头脑里有了大概印象之后，就不再看书，试着背诵。能背出来就放过去，背不出来时再翻阅书本。如此循环往复，直至达到熟记和背诵的程度。我们要记忆一份文字材料，在我们拿到材料后首先要阅读几次，较熟练后再尝试背诵，按阅读——背诵——阅读——背诵的程序进行下去，常可达到记忆的目的。

心理学家做过这样一个实验，将受试者分 5 组，让他们分别学习一天大约 170 字的传记材料，学习时间为 9 分钟。在学习后当时以及学习后 4 小时分别测试一次，看能记住多少。第一组将全部时间均用于诵读，即时测验记忆率为 35%，4 小时后记忆率为 16%；第二组用 4/5 的时间诵读，1/5 的时间尝试背诵，即时测验记住 41%，4 小时后记住 25%；第三组用 3/5 时间诵读，2/5 时间尝试背诵，即时测验记住 41%，4 小时后记住 25%；第四组用 2/5 时间诵读，3/5 时间尝试背诵；第五组用 1/5 时间诵读，4/5 时间尝试背诵，这两组即时测验和四小时后测验成绩均分别为 42% 和 26%。由此可见，尝试背诵效果最好。

这是因为反复阅读和尝试背诵相结合方法，避免了单纯阅读和背诵造成的单调刺激，提高了大脑工作的主动性，相结合的办法还可以使你知道自己哪儿记住了、哪儿还欠火候，以便及时重新分配自己的时间和精力，以最少的精力和时间取得最好的记忆效果。相结合的办法还能使你及时地发现自己的成绩和进步，增强自信心。

请背诵下面这篇短文。

你好啊，海南岛

海南岛同大陆隔着一个琼州海峡，最窄的地方只有 18 海里。天气晴朗的时候，从雷州半岛可以看见海南岛。这个宝岛的总面积有 30000 多平方公里，仅次于台湾岛，是祖国的第二大岛。整个海南岛像一个雪梨，又像一把打开的伞，中间高，四周的高度逐渐降低，伞的中央是巍巍的五指山。

海南岛是个宝岛，是祖国南海的一颗明珠。在那里，椰子、槟榔、芒果、木瓜、香蕉等热带水果到处都是；橡胶、油棕、咖啡、可可、胡椒等热带经济作物遍布全岛。在五指山区，有遮天蔽日的原始森林，有各种名贵的药材，还有珍贵的热带、亚热带动物。在环岛的海洋中，盛产鱿鱼、马鲛鱼、飞鱼、龙虾、麒麟菜，还有海石花、海盐和五光十色的海螺、海贝。在平原地区，一年四季可以种植庄稼，水稻一年可收三次。花木四季长绿，鲜花四季常开。一句话，这是一座美丽的花园，这是一座巨大的万宝库。

　　海南岛是如花似锦的岛，是物产丰富的岛，我禁不住面对大海高喊："你好啊，海南岛！"

第十九章
形象记忆法：永不褪色的记忆风景线

研究表明，直观形象的材料比枯燥抽象的材料容易记得多，这也是记忆活动的一条规律。形象记忆的基本技巧是借助于鲜明的形象进行丰富的想象和联想，使之达到增强记忆效果的作用。

← 原理：直观形象的利于记忆

形象的记忆符合人们认识客观事物的规律，人们对事物的认识是从感知开始的，没有感知，人们便无法认识客观事物、获得知识。

一般来说，形象的显著特点是具有直观、鲜明、稳定和有整体感及概括性，它能给人深刻的印象，能够帮助人进行联想，触景生情，引发人的情绪色彩。通过联想还可能产生跳跃式的想象，这种想象不受空间、时间限制，缺乏逻辑性。所以说，借助形象来记忆事物能够增强记忆的效果。

研究表明，直观形象的材料比枯燥抽象的材料容易记得多，这也是记忆活动的一条规律。

为了证明形象记忆在我们大脑中的重要位置，我们做一个西维累尔摆动实验（由 19 世纪澳大利亚化学家西维累尔发明）。准备一根长 25 厘米~30 厘米的细线，下端栓一枚大纽扣或小螺母，当成一个吊摆。再在一张纸上画一个直径为 10 厘米的圆；通过圆心在圆内画一个十字。然后按下列步骤开始实验：

第一，平稳地坐在椅子上，两肩放松，胳膊放在桌上，心情平静，呼吸平缓，排除杂念。

第二，用右手食指和拇指轻轻捏住细线，使下面的纽扣垂悬在圆心，高度距纸 3 厘米~5 厘米。

第三，眼睛紧紧盯住纽扣，头脑中浮现纽扣左右摆动的形象，如果一时想象不出纽扣摆动的形象，可以左右移动自己的视线（不要摇头）；并暗示自己:"纽扣开始摆动了。"这样在不知不觉中纽扣就真的会摆动起来。这时再进一步暗示自己:"纽扣摆动得越来越大了。"

第四,如果你想象停止纽扣摆动的形象,那纽扣就真的会慢慢停止摆动。

第五,熟练以上方法后,还可以用想象随意让纽扣做前后摆动、对角线摆动或者绕圆周旋转。也可以把纽扣悬在玻璃杯里,通过浮想使其碰杯子内壁,碰几下完全听从你的指挥。

为什么会产生这种有趣的现象呢?原来这是大脑中的手或手指活动的形象记忆在暗暗地起作用。因为任何人的手或手指都有过前后、左右晃动的经历,这就是晃动的形象,不论自己是否意识到,都已经深深地记忆在脑海中了。同时,这种形象记忆还同当时的身体动作(运动记忆)结合在一起。因此,当你回忆和想象时,身体就会自发地重现当时的表现。

日本的一位教授曾带领学生进行过这种实验,看看语言信息和形象信息对实验结果有何影响。他把学生分成两组,每组男女生各半,让其中一组学生只在嘴里念叨"纽扣前后摆"或"纽扣左右晃",而头脑中不浮现纽扣摆动的形象;让另一组学生默不作声地在头脑中浮现纽扣摆动的形象。实验结果表明,浮现形象的小组纽扣摆动的现象开始的早,并且摆动的幅度比只在嘴里念叨的小组要大 4~5 倍。这个实验说明什么问题呢?他们认为:"通过形象的浮现,大脑肯定会向我们的身体发出变化的指令信号。实际上,这里面正好隐藏着记忆力、注意力的秘密……增强记忆力、注意力的动力,似乎就隐藏在如何控制形象记忆中。"这个实验实际上揭示了人的记忆力的一个最大的奥秘,即形象记忆是人脑中最能在深层次起作用的、最积极的也是最有潜力可挖的一种记忆力。

← 训练：尽量将记忆材料形象化

形象记忆的基本技巧是借助于鲜明的形象进行丰富的想象和联想，使之达到增强记忆效果的作用。其实质就是，不仅要把具体的记忆材料形象化，而且还要把抽象的难记的材料形象化，以增强记忆效果。

例如，要记忆鸡、鸭、牛、羊、房子等具体名词时，如果在脑中仅出现这些名词的汉字，记忆印象不如出现这些具体事物的形象容易记住。又如将人名与人的外貌特征结合起来容易记。这就是说具体名词形象化记忆效果好。而那些抽象名词，如爱国、科学、幸福等，没有直接形象，要想使之形象化，那就要靠想象联想，人为地赋予某些形象，如将爱国与爱国的英雄人物联系起来记。岳飞是个精忠报国的英雄，一想起岳飞就想起爱国这一抽象名词。将幸福与幸福的家庭生活联系起来，科学与家用电器发展联系起来，就是说将没有直接形象的抽象名词，借助想象或联想人为地赋予它们形象，使之形象化就好记了。这些都是形象记忆法的基本要求和做法。

1.明确目的

即需要明确自己提高记忆力想要得到哪些具体效益，目的越具体越好。如"我要上北京大学""我要写小说"等。然后把这目标写在纸上，贴在醒目的地方，每天看几遍，会产生意想不到的刺激作用。

2.放松身心

即重新体验曾经历过的"轻松舒适"的感觉。先做松弛练习，达到身心确实放松方可向下进行，否则适得其反。

3.缅怀过去

即重新体验过去经历过的那些舒适的、轻松的、快乐的、愉悦的感觉。可以把近期发生的、印象深刻的经历找出三条，每天进行基本练习后，在头脑中浮想 5 分钟左右。

4.憧憬未来

即要明确提高记忆力对未来的作用，反复加深印象，构成完整形象，使它在头脑中深深扎根。

5.浮现整体

努力在头脑中浮现出要记住的失去及其整体形象来，以便于以后回忆时呼之即出。

学习以上的方法需要 2 个月以上的时间，而且达不到某一步骤的标准不能进行下一步。憧憬未来后，关键是浮现整体，要在记忆表象的储存和提取之间建立良好的联系，强化记忆信息的形象，这样才能提高记忆的效率。

在形象记忆法中，还可以分出一些具体方法。

（1）形象比喻。用自己熟悉的东西比喻记忆的材料，记忆起来生动直观、效果好。

例如，中国地形图像只大公鸡，某某地方在鸡头，某某地方在鸡尾，这样就好记多了。这样一来，可以利用形象特征记地图。

罗马尼亚：像握紧的拳头；

意大利：像只皮靴；

贝宁共和国：像一个火炬；

多哥：像"1"字；

越南：像"3"字；

朝鲜：像"5"字；

索马里：像"7"字；

日本九州岛：像"9"字；

中国湖南省：像人头；

中国甘肃省：像水泡金鱼。

又如，某人爱说丧气话被称为"乌鸦嘴"，某人瘦得可怜被喻为"电线杆"，某人头脑灵就被冠以"猴精"等。这样用比喻使之形象化就容易记住了。

（2）形象描写。把一般材料，特别是对抽象材料加以生动描绘说明，就好记多了。

优秀的作家都是语言大师，他们能栩栩如生地勾画出人物和事件，让它们在读者心中打上印记，让人经久难忘。

请看莎士比亚《皆大欢喜》关于人生七个时期的精彩章节：

"……最初是婴儿时期，他在保姆的怀里呜呜地啼哭、吐奶；接着便到了上学的年龄，背着书包，满脸红光，像蜗牛一样慢慢腾腾地拖着脚步，哼哼唔唔很不情愿地去上学；接下来便到了寻找意中人的时期，经常唉声叹气，宛如炉灶的风箱，并当着她的面朗诵自己创作的充满哀怨的诗歌；然后是入伍参军，豹子一样的胡须下面满嘴都是古怪可笑的誓言，爱惜名誉，动不动就要打架，在炮口找寻像泡沫一样转瞬即逝的功名……"

（3）形象图解。我们都知道，冗长烦琐的文字材料或数字材料不易记忆，但如果对它们加以组织处理，用图形、图表、图画、网络图、树形图或实物、模型、标本等具有空间形状特点的图表示，使记忆材料由繁到简、由抽象到具体，可大大提高记忆效果。

科学发现　　实验室可行性实验　　工作原型　　商业应用

广泛采用　　扩大至其他领域　　带来社会和经济影响

伏特　　　　　　安培　　　　　　　欧姆
电路中推动　　　移动电子的　　　　电阻——阻止或减缓
电子的力　　　　数目　　　　　　　电子移动的力

← 应用：记忆汉字和英文单词

　　形象记忆法应用广泛，方式方法很多，例如汉字是象形文字，在记汉字时就常用形象记忆法。"攀"字笔画多，小学生很难记住，一位特级教师教"攀"字时，形象地说："一双大手抓住陡峭山峰上的树枝和荆棘，使劲往上爬。"这样一讲，绝大部分学生都记得很牢。

　　另外，形象联想的方法，非常值得从事儿童教育的教师和初为父母的家长们重视。比如，记忆英语单词"银行"，就引导儿童想象大街转弯处经常去储蓄的那家银行，记"电视机"，就要在脑中浮现家中电视机的形象。要一边看着文字，一边读着，一边在头脑这屏幕上映出形象。形象记忆事物，要想象身边印象深刻的物品，还有一个窍门是运用夸张的手法。我们想记住"钢笔"，如果只是原物那个样子，印象就不深刻，为了加深力度，就要在脑中把它扩大到很大很大。如果要记"木材"，就设想是很粗很长的木材，放在超级大卡车上，或者让木材下安装了轮胎在飞跑。要记"耳环"，设想它挂在女儿的耳朵上，它大得遮住半边脸。记忆"花"，那不是一束，而是一大片花园，万紫千红，百花争艳。

　　在运用形象记忆法时，应注意以下几点：

　　（1）平时多观察各类事物，在头脑中积累丰富的表象，为形象记忆打下良好的基础。

（2）在运用图表模型表达事物时，要自己动手制作，印象深刻。请记住：依靠形象思维的记忆比依靠语言描绘的记忆有效 100 倍。

（1）背诵下面这首诗，可用形象记忆来背诵，先弄清诗意，然后据此在大脑浮现。

江口有一渔民的家，潮水都打到柴门上了。想去投宿可家里没有人，四处一看，竹林深处有通向村中的小路，月亮已经升起来，江上渔船已经很少，远远看见主人沿着沙岸回来了，春风吹着他的蓑衣还在微微抖动呢。

夜到渔家

　　张籍

渔家在江口，潮水入柴扉。

竹人欲投宿，主人犹未归。

竹深村路远，月出钓船稀。

遥见寻沙岸，春风动蓑衣。

如果你能在头脑中浮现出第一段文字，相信你就能很快背诵这首《夜到渔家》。

（2）下面有 8 个小人的头像，请你用 2 分钟的时间记住它们，然后完成后面的练习。

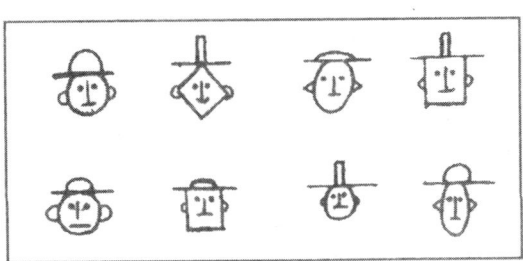

练习：请不要再看上面的图，完成下面的练习。

（1）上图中共有几个方形脑袋的头像。

（2）上图中共有几个戴Ⅱ形帽子的。

（3）上图中共有几个头像在笑。

（4）上图中共有几种帽子。

（5）上图中共有几种形状的头像。

第二十章
抽象记忆法：记忆是一种境界

　　抽象记忆又称为语词逻辑记忆。它是以语词符号的形式，以思想、概念、规律、公式为内容的记忆。

　　抽象记忆法具有概括性、理解性和逻辑性等特点，它是个体保存知识经验最简便和最经济的形式。

← 原理：抽象记忆也以理解为基础

抽象记忆与其他基本记忆一样，都应以理解为基础。脱离开理解而单纯用抽象记忆，它就变成了死记硬背。同样，如果撇开语词逻辑记忆，而单纯运用意义记忆，那就不易于把材料的基本思想和逻辑关系记住。可见，抽象记忆与理解记忆两者既有区别，又有密切联系。

抽象记忆与人的抽象思维密切联系。随着人们抽象思维的发展和培养，人们头脑中的语词符号、数字符号、各种公式、定律、概念等逐渐丰富，抽象记忆的能力越来越强。对他们来说，词语表述的逻辑思想容易被记住。正如许多有关专家很容易记住专业符号和逻辑意义那样。这也是因为，经过长期专门教育和训练，他们牢固地掌握了有关符号系统，懂得它们所代表的含义并能熟练地运用它们。

有些学生由于知识经验不足，记忆抽象符号和逻辑意义材料有些困难，而不了解掌握它们的深远意义，因而对抽象材料、符号系统产生厌倦情绪，这对个人发展和提高都非常不利。

← 训练：提高抽象记忆效果的方法

提高抽象记忆效果的办法有四点：一是充分认识掌握有关概念、理论的意义，调动学习的内在动力；二是具有浓厚的兴趣、强烈的欲望；三是借助形象记忆法及其他记忆方法；四是勤奋努力，坚持不懈。许多科学家对所从事专业的理论及大量的概念、定律、公式及有关符号理解透彻并记忆准确，不能不与他们对所从事专业的重要性认识充分、兴趣浓厚和善于运用记忆方法有密切关系。

著名数学家陈景润在谈到他的治学和成功时说：多年攻读数学，即不分节假日和星期天，平时也听不到下班的铃声。这种专心致志培养了我对数学如醉如痴的感情，经常弄出一些让人们见了很不理解的笑话。他还深有体会地说：我只要一钻进数学这个自然科学的王国里，外面的事就都忘掉了。在充满公式、数字和符号的世界中，我感到兴趣盎然，富有奇特的诗意。有时为了证明一个定理，我往往采取几种甚至十几种不同的方法，通过不同的途径，反复进行演算，稿纸塞了一麻袋又一麻袋。可以看出陈景润教授的成功应该归因于他对数学浓厚的兴趣、专心致志、勤奋努力及其高度的执著和忘我精神。

一个人如果具备了这些高贵的品质，就没有攻克不了的科学难点。有许多学生害怕数理化，害怕抽象的内容，认为抽象的理论难学，进而归因于自己不适合学这方面的知识，其实这是错误归因。不是你脑子笨，不是你不适合学数理化，是缺少上述几方面的办法，缺乏陈景润那样的治学精神，如果你也能像陈景润那样对待学习，你也能攻克科学难关而取得巨大的成就。

请记住：学会运用科学的符号系统，威力无穷。

← 应用：形象记忆与抽象记忆综合运用效果更好

形象记忆法直观易记，但许多内容特别是书本知识大多为间接知识，需要借助语词符号去记忆。一般来说，抽象材料为对象的抽象记忆难保持，不易回忆。在学习活动中，如果把两种方法结合使用，相互取长补短，效果较佳。在许多记忆技术中，有时强调用形象记忆法，但同时要注意辅之以抽象记忆法；有时强调用抽象记忆法，但也要注意尽量用形象记忆法去配合。这两种记忆方法配合使用效果之所以好，是因为它符合个体心理发展的规律和大脑两半球机能特点。

从个体心理发展来看，随着个体年龄的增长，两种记忆都在发展。实验研究指出，如果把小学二年级学生运用直观形象记忆和语词逻辑记忆的效果的指标假定为100，在以后的年龄阶段，这两类记忆的发展水平为：在形象记忆方面，初中一年级学生为134，高中一年级是175，成人为207；在语词逻辑记忆方面，初中一年级学生为193，高中一年级为252，成人为306。可见，两种记忆都在发展，而语词逻辑记忆发展的速度更快。在各种心理活动中，对于无论是直观记忆材料，还是语词逻辑记忆材料，都是大量需要的、不可或缺的。学习记忆活动中，能够有意识地综合运用两种记忆方法不仅能促进记忆的发展，而且能够获得促进记忆的效果。

再从大脑两半球的机能特点来看。1981年长期从事割裂脑研究的美国人R·W·斯佩里教授获得了诺贝尔生理医学奖。这是因为他从大量病例和数以百计精确的科学实验中发现，大脑两半球各有其机能优势，言语功能主要定位在左半球，该半球主要负责语言、阅读、书写、数学运算和逻辑推理等；而知觉物体的空间关系、情绪、欣赏音乐和艺术等则定位于右半球。换个说法就是左半球记忆的材料侧重于语言、逻辑推理、数字和符号等，它是以抽象思维和记忆为其优势；而大脑右半球记忆的材料则侧重于事物形象、音乐形象、空间位置等，它是以形象思维和记忆为主。科学实验研究指出，人类大脑两个半球各具有相对独立的机能优势，而在正常情况下，它们通过胼胝体相互联系协同活动。

大脑两半球机能特点的发现，是近年来关于人脑最新的，同时也是具有特别重要意义的发现。在教育和教学中如能正确运用这一理论，施以科学的教育和训练，将使大脑潜能得到开发。有心理学家说：当一边（半球）"加"另一边时，结果将增大5倍、10倍甚至更多。

大脑两半球的机能都是重要的，不能说哪个重要哪个不重要，重要的是要保持左右脑两方机能的均衡发展。有的专家指出，大脑两半球有很多未开发的部分，如果你能知道这两部分脑的功能，了解它们的奥妙，均衡地使用自己的大脑两半球，那么，1+1>2，你的脑力将会大大提高，你工作和学习的效率也将大幅度增加。

在记忆活动中，我们应该有意识地将两种方法结合使用。首先将记忆当做"录像带"精心制作，应把各种形象清晰地记录下来。日本品川嘉也教授说："靠左脑记语言，靠右脑记形象，二者结合起来，作为完整的记忆存放在脑子里。回想的时候，先引出形象，尔后再用左脑把它变为语言。"品川教授把两种记忆方法如何结合说得很清楚。例如，一提起泰山，在我脑中首先毫不费力地浮现出雄伟壮观的泰山表象，然后再想到有关泰山的语言或文字描述。在记忆其他事物时，也运用形象记忆法，先把记忆的对象变成一张画或一个图形，使事物的形象鲜明、清晰地浮现在脑中，然后再用语言、文字符号有条理地表述出来。这样既容易理解，又容易记。如学地理时，一边填地图，一边记，就容易多了。

请记住：不仅要重视抽象记忆方法，这是在学习中常用的；而且还应重视形象记忆法，后一方法常被忽视。因而许多人呼吁：开发人的右脑潜能。更加重要的是经常综合使用两种方法，发挥大脑两半球的机能优势。这是提高记忆效果的好方法，也是促使人成才的重大战略措施。

用抽象记忆法记忆下列词语：

（1）木柴　火鸡　大象　餐叉　岩石　稻草　餐巾　火　货币　厄运　脚　牙医　水　心理　元素　铁饼　洗澡　葡萄酒　十字架　三角形　愤怒

（2）狗　火柴　餐盘　书　花　岩穴　雾　房间　羽毛　手　医生　风　两倍　背　修女　威士忌　星　正方形　害怕

（3）猪　沙子　汤匙　杂志　草　蜜蜂　松树　玉米　雨　黑麦　面包　外科医生　抓伤　拿　狡猾的人　醋渍小黄瓜　护士　马　法律　圆圈　爱

第二十一章

归类记忆法：分成一小类，一记一大片

把看起来毫无联系的材料归纳整理，达到"异中求同"，便于记忆，这就是归类记忆。根据共同性归类、整理，使知识条理化、系统化，便于记忆。归类记忆适用于项目多，又能进行归类整理的识记材料。

← 原理：一类的事物便于提取

美国著名记忆学家杰罗姆曾说过："人类记忆的首要问题不是储存，而是检索。"

也就是说，只要将储存的零散、杂乱无章的东西进行系统分析、总结、归纳和编排，真正纳入头脑中已有的知识结构和记忆网络中去，才能熟记于心，永不遗忘，且容易调遣。

归纳整理可以达到"异中求同"，很多看起来毫无联系的材料可以归在一起记忆。

美国斯坦福大学专门对单词记忆进行研究，做了一项记忆实验，教师让学生在课堂上记住 112 个单词，其中有动物、服装、运输和职业几类的单词。

首先，教师把 112 个单词进行杂乱无章的排列让学生记，结果没几个学生能把单词全记住。

然后，老师把这些单词按动物、服装等种类进行分类，有规律地排列让学生记，学生很快记住了这 112 个单词。

如，交通工具类：taxi，bike，boat，ship，plane，tractor，truck，lorry，carriage，trolley-bus，train，bus，car 等。

文具类：pencil，ruler，pen，paper，book，exercise-book，ink，ballpen，writingbush，dictionary 等。

记忆材料只有系统化、条理化，记忆才能准确、高效。有人形象地把记忆比做图书室的卡片柜子，各种知识、信息都分门别类地储存到它应放的地方。需要时，只要拉开某一个抽屉，就能获得所需的材料。

同时，记忆材料要及时总结，抽出规律性的东西，达到举一反三、触类旁通的效果。

归类即根据事物间的共同点，把事物个体归入或合并为一类，或者把较小的类归入或合并为较大的类。

← 训练：找出规律性和共同性，记起来就轻松

归类以前，先确定归类原则，归纳什么，扬弃什么，目的明确，提高理解力和记忆力。

分类的标准有多种，可按机能、构造、性质、材料、大小、颜色、重量、存在的时间、地点等分类；就人物而言，可按性别、年龄、出生地、毕业学校等各种情况进行分类。为了便于记忆，分成的组数和各组内的个数要得当，分成的组太多，记忆起来就费劲；组太少，组内的个数就会增多，每组的个数相差太多也不好记忆。

在归类的过程中，门类与门类之间不断进行对照，相类似的材料相互启发，能温故而知新，并及时发现问题、解决问题。

分类的结果，总是有几种特别的东西难以归类，在这种情况下，也不能勉强找它们的共同性，把几个不好归类的放在一起，也自然会成为一个小组。

运用归类记忆法时，必须正确地进行归类，满足归类的包容性要求和互斥性要求。包容性即从事物个体或子类归并出的各个类或母类必须能包容所有被归并对象；互斥性即从事物个体或子类归并出的各个类或母类必须相互排斥。

同其他记忆习惯一样，这种方法需要经常练习，养成一种善于分类的习惯。

应用：记忆历史和地理知识

1.归纳法记忆中国历朝开国皇帝

秦朝——秦始皇嬴政；

西汉——汉高祖刘邦；

东汉——光武帝刘秀；

西晋——晋武帝司马炎；

东晋——元帝司马睿；

隋朝——隋文帝杨坚；

唐朝——唐高祖李渊；

宋朝——宋太祖赵匡胤；

辽代——辽太祖契丹族首领耶律阿保机；

金代——金太祖女真族首领完颜阿骨打；

元朝——元世祖忽必烈；

明朝——明太祖朱元璋；

清朝——清太宗皇太极。

2.用归纳法记忆中国历史之最

（1）中国境内的最早人类——元谋人。距今约 170 万年。

（2）中国有文字可考的历史是从商朝开始的。文字的出现是人类历史进入文明时期的重要标志。我国文字出现很早，还在原始社会母系氏族繁荣时期，陶器上已经有了刻画符号。商朝的"甲骨文"已是相当成熟的文字，我们今天的文字就是从甲骨文发展来的。

（3）中国历史上最早的确切纪年始于公元前841年，即共和元年。

（4）中国历史上第一个奴隶制王朝——夏朝。公元前21世纪，禹死后，他的儿子启利用已得的权势，杀死禹的继承人伯益，继承禹位。从此，世袭制代替了禅让制。

（5）中国历史上第一个统一的中央集权的封建国家——秦。秦始皇为第一个皇帝。中国历史上唯一的女皇——武则天。

（6）春秋时期第一个霸主——齐桓公。

（7）战国时期变法最彻底的是商鞅。

（8）中国道家学派的创始人——春秋时代的老子；儒家学派的创始人——春秋时代的孔子；墨家思想的创始人——战国时期的墨子。

（9）中国第一部诗歌总集——《诗经》。

（10）中国保存下来的第一部完整历法——汉武帝时制定的"太初历"。

（11）中国现存最早的医书——西汉时编定的《黄帝内经》。

（12）中国第一部完整的药物学著作——东汉时期的《神农本草经》。

（13）中国第一部纪传体通史——西汉司马迁著的《史记》。

（14）中国第一部断代史——东汉班固著的《汉书》。

（15）中国现存的第一部完整的农书——北朝贾思勰的《齐民要术》。

（16）中国现存的第一部脉学专著——西晋太医王叔和著的《脉经》。

（17）中国（也是世界）第一部茶叶专著——唐朝陆羽著的《茶经》。

（18）中国最早的一部长篇（章回）历史小说——《三国演义》。成书于元末明初，作者罗贯中。

（19）中国第一部以农民起义为题材的长篇小说——明初的《水浒传》。中国历史上第一次大规模的农民战争——秦朝的陈胜、吴广起义。

整理、归类历史知识，可使知识条理化、系统化，不仅便于记忆，而且还能培养归纳能力。例如，中国古代史讲完之后，可把教材内容按中央集权制度、社会经济发展、赋税制度的演变、土地制度的发展、科技文化的发展、民族关系、对外关系、农民起义和农民战争等进行归类。再如，中国古代文化史内容，又可按天文学、医药学、农学、科技著作、绘画作品等线索归类。通过归类，对记忆和巩固材料能起到事半功倍的作用。

3.用归纳法记忆中国历史上的世界之最

（1）古书上关于夏朝时流星雨和日食的记载是世界天文史上最早的记录。世界上关于哈雷彗星的最早记录在公元前613年7月。

（2）世界上最早的天文学著作——战国时期的《甘石星经》。

（3）世界上第一次测量子午线长度的人——唐代僧一行。

（4）世界上最早的指南仪器——战国时期的"司南"，北宋时期指南针应用于航海。

（5）世界上最早的地震仪——东汉张衡发明的地动仪，造于132年。

（6）世界上最早发明纸的国家——中国。大约始于西汉初，东汉时期蔡伦又改进了造纸技术。

（7）印刷术的发明者——北宋的毕昇。世界上最早的纸币——北宋前期出现的交子。

（8）世界上最早的火药武器——火箭；现存最早的金属火器——西夏铜火炮；南宋时发明管形火器；元朝时大型金属管形火器"火铳"在军事上很受重视。

（9）世界上发现的最大青铜器——商朝后期制造的司母戊大方鼎。

（10）世界上制造漆器最早的国家——中国，战国时漆器已很精美。

（11）世界上最早的兵书——《孙子兵法》，春秋晚期齐国杰出军事家孙武所著。

（12）世界上最早提出圆周率的正确计算方法的人——三国时期的数学家刘徽；世界上第一次把圆周率精确地推算到小数点以后第七位的人——南朝的祖冲之。

（13）世界上现存最古老的石拱桥——隋朝李春设计建造的赵州桥。

（14）世界上最大的石刻佛像——四川乐山大佛。

（15）世界上最早、最完备的建筑学著作——北宋李诫著的《营造法式》。

（16）商朝文字里关于虫牙的记载是世界上最古老的牙病记录。

（17）华佗是东汉末年人。擅长针灸和外科手术，他制成的全身麻醉药剂"麻沸散"是世界医学史上的创举。

（18）世界上第一部由国家编定颁布的药典——《唐本草》。

（19）世界古代最伟大的航海家——明朝的郑和。

（20）清朝乾隆年间编写的《四库全书》是当时世界上最大的一部丛书。

地理方面也是如此，地理资料繁多而又零碎，但是通过对它们进行归类，我们可以很轻松地记忆住那些冗繁的材料。

4.用归纳法记忆地理世界之最

（1）世界海拔最高的洲——南极洲，平均海拔 2350 米；海拔最低的洲——欧洲，平均海拔 300 米；最大的洲——亚洲，面积 4400 万平方千米；最小的洲——大洋洲，900 万平方千米。

（2）世界最高大的山脉——喜马拉雅山脉，最高峰珠穆朗玛峰海拔 8848

米，是地球之巅，"世界屋脊"；最长的山脉——南美安第斯山，被称为"南美洲的脊梁"，南北纵长 9000 千米。

(3) 世界陆地表面的最低点——死海，湖面海拔-400 米。

(4) 世界上最深的湖泊——西伯利亚的贝加尔湖，最深处 1600 米；世界最大的淡水湖——北美的苏必利尔湖；世界最大的内流湖（咸水湖）——里海。

(5) 世界上水量最大、流域面积最广的河——南美亚马孙河，长度 6400 千米，仅次于尼罗河，居世界第二，水流量是尼罗河的 50 倍以上；开凿最早、最长的人工河——京杭运河。

(6) 世界上最大的高原——巴西高原；世界上海拔最高的高原——青藏高原，平均海拔 4000 米以上。

(7) 世界上面积最大的平原——南美洲的亚马孙平原。

(8) 世界上面积最大的沙漠——撒哈拉沙漠，面积约 770 万平方千米。

(9) 世界上面积最大的国家——俄罗斯，1700 万平方千米；面积最小的国家——梵蒂冈，不到 0.5 平方千米。

(10) 世界上占有热带面积最大的国家——巴西。

(11) 世界上唯一的独自占有一个大陆的国家——澳大利亚。

(12) 世界上最大的内陆国——哈萨克斯坦。

(13) 世界上面积最大的热带雨林气候区——拉丁美洲亚马孙平原上的热带雨林区。

(14) 世界上最大的群岛国家——印度尼西亚，素有"千岛之国"之称，印度尼西亚又是世界上火山最多的国家，有"火山国"之称。

(15) 世界上出产黄金最多的国家——南非。

(16) 世界上生产白银最多的国家——墨西哥。

（17）世界上出产铝土最多的国家——几内亚。

（18）世界上进口石油最多的国家——美国。

以上的例子只是现实生活和学习中归类法应用领域很少的一部分。如果你有心去总结和归类，你可以拥有傲人的记忆资本。

归类记忆适于用来记忆项目较多，而能够进行归类整理的识记材料。通过对识记材料进行归类整理，可以在同类事物之间建立联系，使识记材料变得整齐有序、有条有理，从而能够顺利地装入记忆库中，并在需要时能顺利地提取出来。

用归类记忆法在 90 秒钟内记忆下列物体：

（1）书　墨水　餐叉　小刀　铅笔　水　杂志　易拉罐　瓶子　报纸　钢笔　盘子　玻璃杯　调羹　橡皮擦　小册子

（2）铜钱　纸钞　香槟　钻石　烙饼　轮胎　高级轿车　执照牌

答案：

（1）用分类法把他们分为四组：读、写、吃、喝，你就会发现用不了5秒钟就可以可以把每组物体记住。

读：书、杂志、报纸、小册子

写：墨水、铅笔、钢笔、橡皮擦

吃：餐叉、小刀、盘子、调羹

喝：水、易拉罐、瓶子、玻璃杯

(2) 你可以这样给它们分类：

铜钱、纸钞、钻石——→用来购物

香槟、烙饼——→可以吃喝

轮胎、高级轿车、执照牌——→与车有关

你也可以用分类法给它们这样分：

铜钱、烙饼、轮胎——→圆形

纸钞、执照牌——→长方形

香槟、钻石、高级轿车——→奢侈品

第二十二章
卡片记忆法：要想记得牢，卡片少不了

　　将识记材料记录在卡片上，进行记忆就叫卡片记忆。卡片记忆是战胜惰性和忘性的武器，让你在不知不觉中提升记忆量。卡片记忆法适用于那些内容不多、比较零散的材料。运用卡片记忆法学习语音效果尤其显著。

← 原理：战胜惰性和忘性的武器

也许觉得用这种卡片记忆来记单词没有用，反而多费一道手续。但是时间久了就发现卡片的用途了。尤其是对于要掌握一门语言而又不年轻的人来讲，更是这样。下面就讲一下利用卡片能提高英语单词记忆的原理。

我们学会了一个新单词，一般来说开始是记不住的，需要反复地复习和体会才能掌握。很多人学英语就是看书，遇到生词查词典，过后顶多复习一次，写几遍就扔到一边了。直到下次再遇到这个单词，又去查词典，总是这样一个程序。使用这种方法的人一定会发现，那些出现概率多的单词就记得牢，而出现概率少的则记不住。卡片法实际上是用最科学和系统的办法来完成这一过程。它实际上是将记忆的负担与所得到的印象逐渐增加。假设第一天我们找到了 50 个生词，做了卡片，把他们背熟。一般这个记忆是不会延续到 3 天后的，因为人的"忘性"随时都在起作用。卡片法实际上是如何战胜这个"忘性"的呢？为此，根据各人情况我们设定一个忘记的时间。对你来讲，它可能只有一天。那么你在没忘以前，也就是一天之中复习一次。其中还可能有几个被忘掉，就把它取出来放到明天作为生词背。而还能够记住的单词，由于已经加深印象了，所以隔 3 天以后再分离记住与记不住的。对于 3 天后还能够记住的则推到一周之后分离，而 3 天后记不住的单词按生词处理。这样，每天复习的单词虽然仅有一两百，但是半年之内你所掌握的单词可以达到一两万甚至更多。

另外,利用卡片记忆法可以不必占用大块的时间来进行记忆。你可以将要记忆的内容制作成小卡片后,放在口袋里,这样可利用一切有空的时间,对单词进行再现记忆,哪怕是 1 分钟。如在校排队取饭、乘车回家、上学甚至上厕所等都可用来记忆一两张卡片。这样不断反复,日益积累,久而久之,你的记忆量和记忆能力就得到大幅度提升了。

训练：卡片的制作和记忆方法

大家肯定知道，卡片记忆法在学习语言的时候效果尤其显著。这里，笔者就以自己学习英语和日语的经验来讲述一下如何利用卡片记忆法来记忆。

英语学习中有大量的单词，且易遗忘，这里我就以记忆英语单词为例具体讲述一下利用卡片记忆的一般方法和步骤。

1.制作

先制作卡片盒。用硬纸板或厚一点的纸盒制成长约 30 厘米、宽约 10 厘米、高约 5 厘米的盒子（可视你手头材料的尺寸进行调整），中间用硬纸板隔成 5 格，5 格的长短比例依次为 1:2:3:4:6，然后制卡片。每个英语词汇用一张卡片，英语单词写在卡片正面，中文意思写在卡片反面，实际上，制作卡片的过程也就是学习单词的过程。

2.使用

将新学的词汇放入卡片盒第一格，每次以 20~30 张为宜。读卡片的中文词，将其译成英语，如译不出，则把卡片翻到反面，熟读直至记住英语单词后，将卡片重新放回第一格的最里面，以便在第二轮能从头开始。其他的卡片也照此进行。

对能记住的单词卡片，不要放回第一格，阅后直接放入第二格中，以免与不会的单词卡片互相混在一起。以后每学新内容都可采取同样的方法。待第二格基本装满卡片，可顺序在第二格中取出部分卡片，检查一下自己是否遗忘。如果没有，将此卡片放到第三格；若没有答出或答错，则将卡片放回第一格，以便从头开始记忆。

若第三格也填满，可取出开头部分卡片，再检查一次自己是否已掌握。将掌握的卡片放到第四格，未掌握的那部分卡片仍放回第一格，再一次从头记忆。

用同样的方法抽取填满的第四格。若第五格也已装满，可取出开头部分的卡片，考考自己是否仍旧掌握，如未遗忘，可将其取出，因为这说明你确实已长久记住了这部分词汇。对个别未记住的，仍旧退回第一格。

卡片记忆主要用于记忆那些最难记住的词汇，对那些比较简单、容易记住的单词不必用此法。另外，使用中要经常除旧更新，发现第一格较空时，就应及时制作一些新的单词卡片放入。

当然，你也可以不必拘泥于上述的形式，简单地制作自己需要的卡片也可以达到很好的记忆效果。

卡片记忆法的另一个好处就是：很多时候，制作卡片并不是很简单的事，有些记忆材料并不是可以直接拿来制作卡片，你需要对它们进行归纳，这又是一个更深层次的学习。笔者在中学的时候制作物理卡片便是这样。因为物理卡片既具有一般卡片所有的摘录、备忘的作用，又具有其独特的特点。制作时既不能是从课本中简单地抄录，也不能是课文内容的摘要，又不能是概念的拼凑和罗列。一般会整理成下面三个类别：

（1）完整的物理概念或物理过程。

（2）实验设计或实验器材。

（3）典型习题的解答。

卡片制作的具体做法：

（1）加题目：在系统复习、综合分析、归纳概括的基础上，确定题目。

（2）作选择：抄录的内容宜选取能说明特征、简明扼要的文句。

（3）注来源：说明卡片材料的出处，以便日后考查。

（4）分类存放：便于记忆和考查。如果随手乱放，则犹如大海捞针无处可觅。

（5）定期读：每隔一段时间，复读卡片一次，加强记忆。复读时，既温故又要能知新，有新的增删，作必要的补充。

现以初中物理的质量概念和量具刻度尺为例，制作物理卡片如下：

类别:物理量			
名称	质量	符号	m
物理意义	物体所含有物质的多少		
计算公式	$m=G/g$　　$m=\rho\upsilon$		
国际单位	千克	符合	Kg
测量仪器	天平,杆秤		

这样，我们在制作卡片的过程中又对所要记忆的知识有了更进一步的理解和把握，有助于你更长久而深刻的记忆。

把要学习、记忆的资料记录在卡片上，可以对这些资料进行各种排列、组合，能从各种不同角度、不同关系中认识和理解记忆内容；可以对这些资料进行整理、归类，使之整齐有序，便于进行识记和回忆；还可以根据需要随时找出有关内容，便于进行复习。利用卡片记忆法适用于记忆那些内容不多、比较零散的资料。对于内容较多，系统性、连贯性较强的理论性资料，一般不宜使用卡片。

虽然管理你的卡片是件相当麻烦的事情，但相对于卡片记忆法使得记忆复习更有针对性，效率更高，而且携带方便可以充分利用零碎时间的优点，缺点也就不算什么缺点了。

假如你刚从海南岛度假回来，假期当中有一些让你记忆犹新的事件。现在你回来了，你想把这些事都讲给你的朋友们听，而且，你希望自己一点细节都不漏掉。这时你就可以创造十来个形象或关键词，记在卡片上，让你把经历的事串联起来。

"我们的车很晚才到，我们好不容易按时赶到了机场，下午四点才上的飞机。"

"我们的旅途还算愉快，在上船的路上，出租车爆胎了。我们下午三点五十分才赶到了船上。"

"我们去看我们的房间，又找不着行李了。他们第二天的下午五点才把行李送来。我们不得不穿着同样的衣服过了56个小时。而其他所有人都穿着干净、颜色鲜艳的衣服。"

"饭桌上我们遇到了一个来自好莱坞的记者。她是个很有趣的人，给我们讲了许多关于好莱坞名人的故事。"

"第二天晚上，我们接到邀请，和船长共进晚餐。他来自挪威。还好，那时我们有衣服可以换了。"

"海南岛十分漂亮。我们买了很多东西。我买了四个搪瓷座的咖啡杯子，还有一个盘子，一共才花了15元。在那种老式的旅店里喝茶让我们觉得既有趣又新奇。"

"当轮船返航的时候我们运气不太好。我们遇到了大风暴。很多旅客都晕船，只能待在他们各自的房间里不出来。我们还好，每顿饭都吃得很香。我们最后十分愉快地回到了家。"

　　将以上的内容压缩成十个形象或者关键词记录在卡片上。

第二十三章
谐音记忆法：寻觅记忆的"知音"

　　根据记忆对象的声音编成另一句声音相似的话，来帮助记忆就是谐音记忆。谐音可以使枯燥无味的材料（尤其是数字）变为生动有趣的材料，使人愉快地进行记忆。谐音记忆使用得当，是最有效的记忆方法，可以真正做到过目不忘。

← 原理：让无意义变得有意义

利用谐音记忆材料是一种巧妙的、用途广泛的记忆方法。它可以化"难"为"易"、变"死"为"活"，把晦涩分散、枯燥无味的材料，变得诙谐幽默、流畅易记、轻松有趣。恰到好处的谐音记忆，能够激发人的学习兴趣，产生意味深长的记忆效果，并能激发人的创造精神。谐音记忆的核心，是根据记忆对象的声音编成另一句声音相似的话来帮助记忆。

谐音可以使无意义的材料变为有意义的材料，帮助人们进行理解记忆。地理课本上写道："拉丁美洲的国家有洪都拉斯、巴拿马、哥斯达黎加、尼加拉瓜、萨尔瓦多、瓜地马拉（现译危地马拉）。"如果我们用红笔把各国为首的一个字圈出，就成了"洪巴哥尼萨瓜"。如果我们借助谐音，就念成——"红八哥你傻瓜"。再在脑子里想象一只红羽毛的八哥傻里傻气的样子，很快就可将这些国家名记住。马克思诞辰是 1818 年 5 月 5 日，以谐音处理为"马克思—巴掌—巴掌打得资产阶级呜呜直哭"，这样就能轻而易举把它记住。

谐音可以使枯燥无味的材料（尤其是数字）变为生动有趣的材料，使人愉快地进行记忆。

以前一家出租汽车公司有一电话是 778888，当然很是好记，为了加深人们的印象，公司的广告词里写道："要汽车、找出租：778888，请接叭叭叭叭。"另外，记 $\sqrt{2} = 1.41421$，就读为："意思意思而已。"

许多学习材料很难记忆，在它们之间不易找出有意义的联系，例如，历史年代、统计数字等。如果对这些学习材料利用谐音加某种外部联系,这样就便于储存,易于回忆。接下来,我们就来看下面各个方面的谐音记忆的例子,这些例子的目的是给读者一个启发,掌握谐音记忆法的精髓,从这些例子中得到领悟,找出适合自己的方法,在以后的记忆中熟练应用谐音记忆法。

← 应用：数字、公式和单词都可以用谐音记忆

1.用谐音来记忆数字

与"数"相对应的"字"是很多的，所以把它用做谐音处理的机会是很多的。例如：

0：零凌玲羚龄拎菱陵聆林淋琳临邻怜霖鳞磷灵；

1：依衣医佚益邑夷姨帖亦意已抑易溢裔翼译；

2：儿而尔饵洱；

3：山杉衫散删珊扇煽；

4：似饲嗣司饲肆寺把思撕斯私师狮仕市柿氏视私丝死尸虱石识史屎是室赐；

5：吴吾巫毋午司梧午武舞件务误恶物客屋污乌；

6：刘留流溜瘤柳；

7：奇歧崎齐旗棋迄泣气契乞启岂起企器漆其戚凄愁骑期祁济；

8：巴吧疤叭笆拔拔把靶琶；

9：久灸纠韭酒就救究舅旧揪厩旧臼；

在汉字中有许多字属于同音字，有更多的字读音相近似，借助这种谐音关系，赋予材料以引人入胜的意义，也是常能收到简便易记而又经久难忘的效果。

气体的摩尔体积 22.4 升/摩，可记为"二二得四"。得与点谐音。

再如：三个宇宙速度的数值记法。可按读音编成谐音的三个短句来帮助记忆：

$v_1=7.9$ 千米/秒（谐音：吃点酒）

$v_2=11.2$ 千米/秒（谐音：要一点儿）

$v_3=16.7$ 千米/秒（谐音：要留点吃）

记忆这组谐音时，把三个谐音短句作为一个故事情节来理解，意思是：一个无钱的酒鬼去讨酒吃，向店家喊道，"吃点酒"，店家不允，酒鬼乞讨说，"要一点儿（嘛）"，店家当时余酒不多，答道，"要留点（来自己）吃"。作了这样的奇特联想后，就很容易记住这三个宇宙速度。

长江的长度 6300 千米，可用谐音法记为"溜山洞洞"。同理，地球的表面积为 51 亿平方千米，可记为"地球穿着有污点的衣服"。

2.用谐音来记忆公式

用谐音法记忆一次绝对值不等式的解集：

$|x|>ax>a$ 或 $x<-a$

$|x|<a-a<x<a$

可用谐音法记为："大鱼取两边，小鱼取中间。"同时联想到吃大鱼只吃两边的肉，吃小鱼掐头去尾只吃中间。

电功的公式 $W=UIt$，可用谐音法记为："大不了，又挨踢。"

同样道理，电流强度公式 $I=Q/t$，可记为："爱神丘比特。"

3.用谐音法记忆化学现象

物质溶解于水，通常经过两个过程：一种是溶质分子（或离子）的扩散过程，这种过程为物理过程，需要吸收热量；另一种是溶质分子（或离子）

和水分子作用，形成水合分子（或水合离子）的过程，这种过程是化学过程，放出热量。可用谐音记为"无锡花伞"，即"物吸化散"。

王水成分：3个单位体积数浓盐酸和1个单位体积数浓硝酸组成。可用谐音记忆法记为：三言一笑。

4.用谐音法记忆历史年代

李渊618年建立唐朝，可记为："李渊见糖（建唐）搂一把（618）。"

清军入关是1644年，可记为："一溜死尸。"因为清军入关尸横遍野。中日甲午战争爆发于1894年，可用谐音记为："一拔就死。"中日《马关条约》1895年签订，可记为："马关的花生———一扒就捂（霉变）。"

1898年6月11日至9月21日，历时103天的戊戌变法，可记为："戊戌变法，要扒酒吧；路遥遥，酒两臼。"要扒酒吧，即1898年；路遥遥，即6月11日；酒两臼，即9月21日。

1900年8月14日，八国联军进北京，可记为：八国联军进北京时正赶上光绪皇帝的亲爸爸———慈禧要死，即爸要死（8月14日），喝了两瓶药酒没顶用。两瓶即两"0"，药酒即"19"，合起来为1900。

5.用谐音记忆电话号码

电话号码2641329，可用谐音记为："二流子一天三两酒"。同理，电话号码3145941可记为：这件衣服虽然少点派，但我就是要。少点派，即 $\pi=$ 3.14变为314。

6.用谐音记忆英语单词

其实，谐音不仅可以用来记忆这些汉字和数字，还可以在记忆英语单词上产生出不可思议的作用并达到意想不到的效果。谐音法记忆英语单词是利用英语单词的发音的谐音进行记忆。由于英语是拼音文字，看到一个单词可以很容易地猜到它的发音；听到一个单词的发音也可以很容易地想到它的拼写。

gas 煤气

音"该死"→煤气能害死人是"该死"

quaff 痛饮，畅饮

记法：quaff 音"夸父"→夸父追日，渴极痛饮

hyphen 连字号"–"

记法：hyphen 音"还分"→还分着呢，快用连字号连起来吧

shudder 发抖，战栗

记法：音"吓得"→吓得发抖

lobster 龙虾

记法：lobster 音"老不死的"→老不死的弯腰驼背像个大龙虾

谐音法有时可以同其他记忆方法结合起来运用，这样会效果更好。

举例来说，1901 年清政府同帝国主义列强签订了丧权辱国的《辛丑条约》，其主要内容为：①清政府赔款白银 4.5 亿两；②清政府保证严禁人民的反抗斗争；③允许帝国主义在中国驻兵；④修建使馆，划分租界。我们可以把上述四点概括为"钱""禁""兵""馆"四字，这四个字可以读作"前进宾馆"。不妨把《辛丑条约》设想是在"前进宾馆"签订的，尔后一想到这四个字，就可以联想到辛丑条约的全部内容了。以上分别使用了归类记忆法、概括记忆法、谐音记忆法、联想记忆法。

上面我们看到如果谐音法使用得当，是最有效的记忆方法，可以真正做到过目不忘。不过，像所有其他的方法一样，谐音法只适用于一部分记忆资料：汉语数字（用来记忆数字用得好，可以取得非常好的效果）或者是英语单词等。但是要切忌滥用和牵强，否则会适得其反，对你的记忆造成负面的影响。

用谐音法记忆以下数据：

第一：

$\sqrt{2}$ =1.41421、$\sqrt{3}$ =1.73205、$\sqrt{5}$ =2.23606、$\sqrt{6}$ =2.44949、$\sqrt{7}$ = 2.64575、$\sqrt{8}$ =2.82942

Ω=3.14159

第二：

车牌号 40228

第三：

孔子的生卒日：（公元前 551~前 497）

孟子的生卒日：（公元前 372~前 289）

供参考的谐音方法：

第一：

$\sqrt{2}$ =1.41421 可记为"意思意思而已"

$\sqrt{3}$ =1.73205 可记为"一妻三儿空舞"

$\sqrt{5}$ =2.23606 可记为"凉凉衫露洞露"

$\sqrt{6}$ =2.44949 可记为"儿视四舅试酒"

$\sqrt{7}$ =2.64575 可记为"两路试舞起舞"

$\sqrt{8}$ =2.82942 可记为"儿把二伯视儿"

$\Omega=3.14159$ 可记为"三姨四姨五舅"

第二：

车牌号 40228 可记为"四个汽车轮子两个两个地爬"

第三：

孔子（前 551—前 497）可记为：孔子腰痛，"捂捂腰"再"试吃酒"

孟子（前 372—前 289）可记为：孟子"丧妻儿，两不久"

第二十四章
系统记忆法：系列统领记忆

　　对记忆材料进行归纳、整理和概括，使之成为一个系统或将其纳入一个系统，在这一基础上进行的记忆便是系统记忆。它的优势在于帮助实现整体记忆，提高记忆效果。

← 原理：有系统、有条理的易于记忆

美国著名心理学家布鲁纳认为，人类记忆的首要问题在于对记忆内容的组织，这就是说，要对记忆的内容进行归纳、整理和概括，使之成为一个系统或将其纳入一个系统，在这一基础上进行记忆的方法便是系统记忆法。系统记忆法又叫网络记忆法或者提纲记忆法，就是利用知识点各要点之间的内在联系把需要记忆的材料分门别类，并对事物内在联系加以整理使知识内容条理化、系统化，有利于系统地掌握科学知识、提高记忆效率的记忆方法。

人的大脑就像一座图书馆，图书馆买了新书后要编目归类，按次序摆在书架上，才能根据读者的需要准确而迅速提取图书。人的大脑记忆是信息的输入、编码、储存和提取的过程。人的记忆过程类同于图书馆的图书购入、归类、上架和外借。如果图书馆买了新书不及时地归类、编目、上架，读者借书就很难准确迅速提取图书，人的记忆也是如此。如果学习新东西，不定期进行分类加工，脑袋里获得的知识是杂乱无章的，需要时就提不出来，学习也就没有了效果。

心理学还告诉我们，人脑对于零碎、分散、单独的材料不容易记忆，即使记住了也难以长久保持，而系统性、有条理性的材料易记忆，易长久保持在人脑中。何况任何知识都不是单独孤立的，都可以编织在某个网络之中，利用知识的网络性由此及彼、举一反三。

这就是系统记忆法的优势所在——帮助你实现整体记忆，大大提高记忆效果、效率。同时借此机会把它们系统化，分门别类，井然有序地储存在大脑里，以便关键时刻随时提取。

← 训练：把知识放在整个知识系统去记忆

任何一门知识都是由一系列基本概念、判断、推理等按一定秩序联结起来组成的理论体系。但是，在讲述各门知识的教科书或专业书中，其基本的概念、判断、推理等以及它们之间的相互联系往往并不是以纯粹的形态存在的，而是和大量解释性、说明性、例证性的东西混合在一起。要使某一门知识的理论体系以赤裸裸的方式展现出来，就需进行分析、综合的工作，即从所阅读、学习的书中把其基本的要素、本质的东西抽取出来，按照它们固有的内在联系和秩序进行排列组合，构成一个有机的统一整体。经过这样系统整理的知识，既便于记忆又不容易遗忘。

运用系统记忆法的要领就是把需要记忆的知识放在整个知识系统中去理解、去记忆，而不是孤立地记单个事物。

下面我们从两个角度来分析系统记忆法的应用。

1.记忆分为记、忆两过程

从记忆的两个过程来看，记忆分为"记"和"忆"两个过程。

"记"是通过强化刺激，在大脑中留下痕迹。"记"是必要的阶段。

"忆"是把大脑里形成的刺激联结取用出来。要改善记忆的效果，必须把更多的时间从"记"转到"忆"上来。那主要是通过回忆、思考、联想、实际应用来熟悉并强化刺激联结。

（1）"记"的过程。系统记忆法在"记"的过程中强调分类存储。相当于仓库，只有分类清晰，结构有序，才可能迅速地从中找到东西。

有序地"记"，将为"忆"提供极大的便利。

先在心里构架一个体系树模型，空的，仅仅是一个结构。在开始的时候，可以以书本的目录、章节为节点构架体系树。

在记忆的过程中，要学会找出知识点（记忆内容），通过分析、归纳，将知识点的特性，特别是与其他知识点或者外界联系发掘出来。

将知识点放在体系树上。相当于树的叶子、果实、花和嫩芽。可以根据知识点的特性，调整体系树结构。

可以根据感觉和推理，留出体系树的空缺部分。有些书本仅仅是一个方面的内容，适当的空缺就是和其他相关教材或学科的接口。

（2）"忆"的过程。其实在构架体系树的时候运用的思考，就已经开始包含"忆"的成分了。只有"忆"，才可能取用其他知识点与此知识点发生联系。结构树需要不时地回想，以扫描缺少的枝叶，再及时地集中精力，将遗失的枝叶重新挂到体系树上。

回想的过程就是"忆"的过程。要做到心中有"树"，就是"忆"的基础上的体系树。

（3）"记"和"忆"的统一。增加刺激联结是记忆的诀窍。

这也是系统记忆法最有效的地方。

"记"和"忆"是两个不同的过程，但是它们不是孤立的，而必须交错进行。

根据"忆"的需要去补充"记"，将使"忆"更有效也更完全。

体系树对于"忆"来说是相当重要的。从一系列刺激联结迅速找到想要的内容，这只有清晰的体系树才能做到。

就像收拾房子，如果大致分类，什么东西在什么地方，这就会给使用制造方便。否则，就算这物品（刺激联结）实际存在，也找不出来。不能使用，相当于没有。

人有遗忘的本能。如果刺激联结无序，很可能就作为无效信息清理出大脑。记忆的效率将很低。

重温往往就是再记和再忆，来防止遗忘。

2.完美实现记忆系统化

从记忆的具体方法来看，如何实现完美的系统化呢？

（1）整体记忆，也就是反复说的提纲挈领使零乱的材料系统化，系统化的知识便于记忆，也便于迁移。对记忆的内容进行归纳、整理和概括，使之成为一个系统作为骨架，然后把零乱庞杂的知识作为血肉按其内在联系填充进这个知识网络，使其牢固完善。

（2）化整为零，使较长的材料单位化、概括化。似乎看上去与系统记忆法截然相对，其实不然，它是系统记忆法成功的不可或缺的补充。

← 应用：理清历史脉络进行记忆

1.系统记忆历史知识

历史学习，是不是让你总感到头绪繁多、难以掌握呢？死记硬背的结果，费了很多时间，吃了不少苦头，记住的往往是一些零碎知识，掌握不住历史全貌，在回答综合性问题时，常感到束手无策。解决这个问题，就要运用系统记忆法清理历史脉络，掌握历史阶段的轮廓，以便于鸟瞰全局。

例如，从鸦片战争到"五四"运动之间的历史。

（1）这段历史是中国逐步沦为半殖民地半封建社会、中国人民不断进行反帝反封建斗争的历史。

（2）在这一历史时期，一方面是资本主义列强对中国发动了五次侵略战争（鸦片战争、第二次鸦片战争、中法战争、甲午中日战争和八国联军侵华战争），另一方面中国人民掀起了三次革命的高潮（太平天国运动、义和团运动和辛亥革命）——"八大事件"。

（3）书本上其他章节的内容都可以看成是这八大事件的"附件"。例如：禁烟运动是鸦片战争的前奏；捻军和少数民族起义是对太平天国运动的响应和延续；洋务运动是清政府在镇压太平天国运动和同资本主义国家打交道的过程中产生的；反对袁世凯的"二次革命""护国运动"和反对段祺瑞的"护法运动"可以看成是辛亥革命的延续，顺此脉络回忆出这一阶段中的各个历史事件。用同样的办法对其他历史阶段进行整理，头脑中零碎的知识就走向系统化、整体化了。

2.学生运用系统法要注意

对于学生来说运用系统记忆法，主要有两个方面的内容。

一方面，学生在复习中要"以课本为本"，对每一门功课都要从头至尾逐章节地梳理和归纳。通过对课本的"圈点批注"，对应记忆的知识点进行加工处理，使之明确、简化和凝缩，形成易于记忆的知识网络。对于数学、物理、化学三科，需要纳入记忆系统的有概念、公式、定理、法则，书上典型的例题、习题、参考题，以及解题方法与技巧。政治、历史两科，文字表述比较复杂，理论层次、知识要点也不像数理化那样清晰，因此对这两科进行系统记忆，更加需要把书读懂，按自己的思路提炼、归纳出知识要点，使其更利于理解和记忆。外语主要是循着课文由浅入深的顺序，结合课文的语言环境记忆单词，结合句型实例记忆语法。语文的情况虽然比较特殊，教材对升学试题的限定性最小，但仍然要"以课本为本"。不过，要选择教材中与升学试题相关性强的内容进行系统记忆，如汉语拼音、标点符号、文学常识、语法以及要求背诵的内容。另外，文言文相对现代文来说，不仅篇幅较少而且规律性强，知识要点比较明确，易于掌握要领、举一反三，所以在语文学科里，文言文对升学试题的限定性相对强一些，对这部分内容也可以进行系统记忆。

另一方面，对于那些不便在书上"圈点批注"的难点、疑点以及易混易错的内容，可以在笔记本上另行归纳整理。做笔记的内容占多大比例，要根据个人情况而定。如你善于做笔记，平时也有做笔记的习惯，语文表达能力较强，那么做笔记的量可以大些；如果做笔记很吃力，则不要效仿别人做大量的笔记，那样会耗费许多时间而得不偿失。总之，要以高效利用时间为原则。

在系统记忆法中,之所以强调要"以课本为本",并且要按照教材的体例、顺序来进行复习,一方面固然是因为教材是升学考试最根本的依据,教材循序渐进地编排,符合认识的规律;另一方面则是因为每个考生对教材的学习都是循着这条路线走过来的。如果说复习的一个重要目的,是使考生对教材进一步"熟化",从而"强化"记忆的话,那么,复习时首先"重走老路"就是极其必要的。也因此,我们在复习时,首先要全面阅读教材,扫除理解上的障碍,进而使知识系统化。但是,"重走老路"只是形成了单向的记忆系统,或者说只是侧重了知识横向的、微观的记忆。为了使记忆更加强固,我们还应该在此基础之上再归纳出纵向的纲要,也就是各个学科宏观上的知识结构体系——这就是系统记忆法的另一个方面的内容。

关于每一学科宏观上的知识体系,学生可以根据教材的内容打开章节的局限自行归纳整体,也可以按照教师的归纳或有关参考书上的知识体系表来系统地把握每个学科的结构。但最好的方式是把二者结合起来,因为倘若全由自己动手归纳,不仅工作量大、耗费时间太多,而且限于个人的知识,概括得未必完整、醒目,易于理解和记忆。而且,对于知识纲要的详略,每个人都有不同的要求,所以现成的东西难以尽如人意。因此,同学们可以在比较好的现成的纲要的基础上自己再进行一番修订、加工,使之更符合自己的记忆习惯。这种系统归纳,总的思路是把每个学科看做一个大系统,然后分成几个子系统,子系统再分成几个更小的系统。

经过上述两种系统归纳,就可以既能从宏观整体上把握知识结构,又能在微观上把握知识点,这样纵横交织的记忆系统才是坚实可靠的。如果我们把大脑的记忆看成是信息的输入、编码、储存、提取的过程,那么,我们上面所说的两种程序的系统归纳,便是一种"编码"的工作。只有经过我们自己动手加工处理的信息，才能记得牢，而且也便于随时提取——这一点至关重要。因为记忆的主要问题并不在于储存，而在于难以在记忆的海洋中寻觅，不易提取。而按照一个人自己的兴趣和认知结构组织起来的材料，是最有希望在记忆中自由出入的材料——只有这样的材料，才能在考场上准确无误地发挥应有的作用。正因为这样，考试前的第一遍复习，一定要自己动手，对所学的知识系统进行梳理和归纳，虽然这要占用一些时间，但从复习的整体角度来看，应该说是最省时间的，而且它能为以后的复习打下良好的基础，提供简明而又细密的记忆资料，有工具的作用，可以大大提高后面的复习效率，从而保证整个复习任务的顺利完成。

请大声朗诵下面的《醉翁亭记》并进行背诵。

醉翁亭记

环滁皆山也。其西南诸峰，林壑优美。望之蔚然而深秀者，琅琊也。山行六七里，渐闻水声潺潺，而泻出于两峰之间者，酿泉也。峰回路转，有亭翼然临于泉上者，醉翁亭也。作亭者谁？山之僧智仙也。名之者谁？太守自谓也。太守与客来饮于此，饮少辄醉，而年又最高，故自号曰醉翁也。醉翁之意不在酒，在乎山水之间也。山水之乐，得之心而寓之酒也。

若夫日出而林霏开，云归而岩穴暝，晦明变化者，山间之朝暮也。野芳发而幽香，佳木秀而繁阴，风霜高洁，水落而石出者，山间之四时也。朝而往，暮而归，四时之景不同，而乐亦无穷也。

至于负者歌于途，行者休于树，前者呼，后者应，伛偻提携，往来而不绝者，滁人游也。临溪而渔，溪深而鱼肥；酿泉为酒，泉香而酒冽；山肴野蔌，杂然而前陈者，太守宴也。宴酣之乐，非丝非竹，射者中，弈者胜，觥筹交错，起坐而喧哗者，众宾欢也。苍颜白发，颓然乎其间者，太守醉也。

　　已而夕阳在山，人影散乱，太守归而宾客从也。树林阴翳，鸣声上下，游人去而禽鸟乐也。然而禽鸟知山林之乐，而不知人之乐；人知从太守游而乐，而不知太守之乐其乐也。醉能同其乐，醒能述以文者，太守也。太守谓谁？庐陵欧阳修也。

第二十五章
编码记忆法：破译记忆的密码

　　以预先选定并记熟的一套按固定顺序排列的事物作为"挂钩"，把要记忆的若干对象分别与"挂钩"联结起来加以记忆，就是编码记忆。在把记忆对象与"挂钩"联结起来时，必须充分发挥想象、联想的作用，以加深印象，增强记忆效果。

← 原理：用编码的对应关系进行记忆

挂钩记忆法是以预先选定并记熟的一套按固定顺序排列的事物作为"挂钩"，把要记忆的若干对象分别与"挂钩"联结起来加以记忆的方法，其实质就是编码记忆法。

举个简单的例子，为什么大多数人的钥匙都丢不了？因为大多数人的钥匙都环环相扣有固定的位置，伸手就可以摸到。为什么火车每节车厢都有编号，乘客不易上错车，火车也不会脱离车厢，因为每节车厢与车厢之间都有一个挂钩，使火车紧紧联系在一起。这种方法历史非常悠久，早在古希腊、古罗马时就已广为应用了。那时人们用这一方法记忆诗歌和文章，一些雄辩家们，则以此发表长篇演说。它依靠"挂钩"把各部分记忆内容迅速、牢固地储存在头脑中，并使它们能按顺序顺利地被回忆出来。

"挂钩"可有各种不同形式。房间里的摆设，人体的各个部分，家庭的各成员，数字的形近物，数字的谐音词，等等，都可以组成挂钩系统。在把记忆对象与"挂钩"联结起来时，必须充分发挥想象、联想的作用，运用夸大、缩小、谬想等手段，形成色彩鲜明、生动有趣、荒诞离奇、具有立体感和动态感的图像，以加深印象，增强记忆效果。

← 训练：对身体或物品编号进行编码记忆

运用编码记忆法的一些技巧做下面的练习。

比如，我们把身体的各部位自上而下地编号，1—头、2—额、3—右眼、4—左眼、5—鼻子、6—腹、7—背……如果说"2"马上回答"额"，叫"5"马上回答"鼻子"。我们可以利用它，再与其他应该记忆的事项进行联想。如"2"是飞机，就联想飞机撞击自己额头，即通过"2—额头—飞机"的联想，记住这个飞机；如"4"是铅笔，就联想铅笔直刺自己的左眼，刺得疼痛难忍，这样通过"4—左眼—铅笔"，记住了铅笔。

要是把房间里的东西编上号码，具体地说，先在脑子里浮现出房间里物品的形象，然后编上号，以后只要想起编号，就能马上想起房间内的各种物品。

在办公室伏案看东西时，来电话了，有人会无意识地把圆珠笔往耳朵上一夹，去接电话。等会要写字时，从桌上、抽屉里乱翻，却找不到这支笔了。要是他有过编码记忆法的训练，他在圆珠笔夹在耳上时，就会联想到圆珠笔往耳朵里钻的情景，也许就不会忘记了。要乘火车外出，到了检票口，忘记车票放在哪里了，上下口袋都翻遍，弄得好不狼狈。如果把衣服口袋编上号码就好了，编成 10 来个号码以后，再往口袋里放东西，用联想法把物品和口袋联系起来。

我们还可以准备一套数序定位词来作为我们的挂钩。我们用一些常见的物品来代替 1 到 10。让我们来打造我们的记忆链条。

1：外形像支笔，不管是钢笔、签字笔、毛笔，只要是笔就可以想象成 1。

2：像一只鸭子，大家想一下，鸭子从侧面看像不像 2。

3：像一只站起来的螃蟹，看一下，把 3 向左放平，像不像螃蟹。

4：钢锯，看看钢锯的外形跟 4 多么相像。

5：弹簧秤钩，就是我们平时到菜市场看到秤东西还有小钩子的秤钩。

6：军用水壶，就像一个乒乓球拍的那种水壶，你想象到了吗？

7：劳动用的镰刀，这个很直观形象吧？

8：铁链，这个也是大家常见，不用多说了吧！

9：火杆也就是我们常说的炉锥子，老版五元钱中工人老大哥拿的那种炉锥子。

10：铁环，就是以前小孩儿常玩的那种，有一个铁把手扶着一个环。

怎么样，这从 1 到 10 的记忆链条大家都能在 3 分钟内熟悉了吧，请大家闭上眼睛想象一下，是不是很轻松地就记下这 10 个物品以及对应的数字了。有了这套数序定位词，我们就可以把需要记忆的材料，通过联想同这些定位词挂钩起来进行记忆。联想的方法可以根据各人的具体情况进行。

一般常见的记忆法表演，也不过是采用了编码记忆法的基本方法。要记忆 20~30 件事情，如果用编码记忆法的基本要领练习的话，一般人也只需一两天就能独立表演。实际上，有人只需一天的时间练习，就掌握了基本要领并能进行表演，你也可以用此法练习一下，定能有所收益。然而，这只是基本的练习方法，并不是记忆法的目的，重要的是要活用这一基本方法。

编码记忆法，只要是身边的事物都可以编上号码进行记忆，只要掌握好基本方法，就能应用自如。

← 应用：演讲、读书都可用编码

古罗马一些大教堂的法师们经常要演讲、背诵很多经书理论，他们是如何来清晰地记住所要讲的内容呢？原来，在这些教堂里法师布道台的两旁有十个左右的大柱子，法师每次就是借助这些大柱子来记忆的。他们首先将所要演讲的内容提炼主旨、条条框框，而后分别按照顺序把那些主旨、条框赋予这些柱子。这样，在演讲的时候法师们就可以依据所定位下来的内容默默指点着柱子，一条一条地把所有内容有条不紊地叙述出来。

这种方法是利用你比较熟悉的环境，将你要表述的或者是无论如何不能忘记的东西安置在你熟悉而且显眼的地方。其实质就是编码记忆法。他们把自己家的每一部分与讲演的主要内容结合起来。把讲演的第一要点与正门联系，第二要点与接待室联系，第三要点与桌子联系。进行讲演时，按自己家中物品顺序想下去，就能把演说的要点回忆出来。

讲演的内容不需要逐句把内容都记忆下来，只要按顺序仔细记住要点就可以了。重点用编码法记下来，讲话时就很有把握，不至于半途短路，或反反复复地讲，能够很好地表达自己的思想感情，重点也不必讲得过细。

不仅在讲话中能用编码记忆，听别人谈话时也同样可以用编码记忆。听讲时有必要详细记住重点，这时，使用的编码要比演讲时多 1 倍左右。但熟练以后，只需少量的重点号码就行了。

编码记忆在听人讲话或读书时也可应用。我们听讲时有必要详细记住重点，我们读书时也可以将重点一个个编码，以便记忆。

此外，还可以利用数字记忆月、日、星期和一天的日程安排：

7 月 23 日、8 月 14 日早晨 8 点

/07/23//08/14/08/

12 月 17 日、11 月 6 日午后 2 点

/12/17//11/06/14/

6 月 6 日星期三下午 7 点

/06/06//03/19/

早晨 6 点（06）起床

早晨 7 点（07）上学

下午 5 点（17）练球

晚上 7 点（19）看书、做作业

晚上 9 点（21）睡觉

挂钩记忆法其实需要你充分发挥你的想象，来寻找挂钩。

运用这种记忆法，具体记起来可以因人而异，极富创造性与灵活性。不但可以记住顺序，而且倒记正记都会准确无误！

这样，开始的时候看起来寻找挂钩好像有些麻烦，其实如定位词一类的东西只是一种工具，只要一开始准备好了，都是一劳永逸的事情。大家一定要有鲜明的动画场景在脑海中，这样记忆深刻。

怎么样？是不是已经跃跃欲试了，等不及要去尝试一下这种久远而又新奇的记忆法了，那就开始吧，从寻找你自己的挂钩开始。提醒你一点啊——挂钩有用，但不可滥用，激扬联想但不可勉强。不然找到的挂钩非但不能帮你增强记忆，而只会起到反方向的拖累记忆的效果。

请用编码记忆法记忆以下数字：

567214

554987612

794857153246789

6325148524

第二十六章
链锁记忆法：打造记忆的长锁链

　　链锁记忆法是指在记忆大量的材料时，可以人为地把这些材料通过某种联系联结起来，从而达到提高记忆效果的目的。运用链锁记忆，最重要的是把每个信息联系起来。这就需要充分的联想和找到最好的提示词。

← 原理：打造一条记忆锁链

链锁记忆法是指在记忆大量的材料时，可以人为地把这些材料通过某种联系联结起来，从而达到提高记忆效果的目的。有人叫它串联法，它也是奇异联想法的一种。链锁记忆法实际上像一条记忆链锁，一环扣着一环，能把要记忆的许多互不关联的事物串在一起，相互钩着，因此，只要记着一件事，就能把一连串的事都钩出来了。例如，我们要记住 A、B、C、D、E 几件事，首先在 A 与 B 间进行联想，然后在 B 与 C 间进行联想，依此类推。这种联想只要按方法练几次，就能记住。需要时，只要回想起 A，就会想到 B、C……所有串联的事都记忆起来。

链锁记忆法适用于记较多的相互间没有明显联系的东西。要记多少件事物，只要在这些事物间依次作形象联想就行了。例如日常重要讯息、铁路沿线的城市（地理）、中国宋代皇帝年号（历史）、急救的标准程序（工作流程）、演讲内容的次序等，链锁法会提供很大的帮助。

链锁记忆法有四大基本原则，只要遵循链锁法的这四个基本的操作规则，就能达到快速记忆的境界：

（1）一定要用具体的图案，才可以做图像的连接。

（2）当我们做连接的时候，两个图像一定要有接触。

（3）联想一定是两两相连。

（4）两两连接要用到同一个图像。

例如，要有次序记住杯子、笔、耳朵、钥匙、窗户等五项物品，当然可以用我们擅长的背诵方式记住。但因为各个资料各自独立、互为关联，不但不容易建立顺序，而且如果忘了其中一两项也没有清楚的线索可以回想，这也是背诵法的缺点之一。

现用链锁记忆法，先要将需要记忆的文字转化成具体的图像（规则一）。

可以想象蓝色杯子（加进颜色加强印象）里放着红色的笔（规则二：两个图像一定要有接触）。

然后从笔联想到耳朵（规则三：联想一定是两两相连），想到笔插在耳朵里面，然后从耳朵联想到钥匙，想到钥匙挂在耳朵上好像耳环，再从钥匙联想到窗户，想到钥匙戳破窗户的玻璃，所以钥匙插在破玻璃上。

刚才第四个规则说的是要用同一个图像，利用机会向各位解释清楚，也就是说如果我们创造出一支笔插在某个人的耳朵里，下一个图像就是钥匙很像耳环挂在同一个耳朵上。不能第一个想到笔插在人的耳朵里，然后下一个就想到钥匙挂在大象的耳朵上，记住不能这样做，图像要保持一致性，不要变来变去。

链锁记忆最后还有一个极为一个重要的条件，比方一个锁链，你可以抓着锁链头顺势一甩，可以从另一头倒着用力抽，也可以同时抓住两头然后用力拉一拉，锁链的每个图像的扣环应该都扣得很紧才对。也就是说当一些资料从上面联想到下面的时候，需要加强第一个跟最后一个视觉或其他感官的感觉，因为必须有好的联想来确保中间的东西全部不会忘记。

这四个原则在现实的记忆中可以根据你自己的需求适当变换，还是那句话——适合自己的才是最好的。

← 训练：巧妙联想，进行链锁记忆

1.多进行联想练习

那么如何巧妙而有效地运用链锁记忆法呢？

美国职业记忆专家哈里·劳伦擅长使用链锁记忆法。他曾在一本书里详细介绍自己是如何运用联想法在较短的几分钟内记住了毫无关系的 21 个词汇的。他写道："首先，在头脑中形成第一个词。'地毯'的形象大家都知道，所以，要想象出它的形象来，不要只瞧。'地毯'这个词，只要具体地短暂地想象瞥见任何一块地毯。下一步，把地毯同纸联系起来，这种联系应尽量荒诞，可以想象你家的地毯是纸做的，你自己就在纸上散步，还听见纸在你脚下沙沙地响。接着第三步，想象一个特大的瓶子，而且看到纸从瓶口溢出，或瓶子是纸做的。下一步是床，可以设想自己不是睡在床上，而是睡在大瓶子里，从而使瓶子与床产生联想。床与鱼，设想一条大鲸鱼在床上睡觉……如此循环，直到联想到最后一个项目。"然后把它们串成一个故事。

运用链锁记忆方法，最重要的就是把每个信息联系起来。在进行这种联系时，要充分地展开想象，使事物形象在头脑中浮现出来，使联想事物化成清楚而稳定的形象，形象越具体、清晰和奇特，越容易记忆。不管想象得是否合理，只要能把两者联系起来就达到目的。

因此，要记得采用链锁记忆法的唯一要求是：联想时形象越夸张、越奇特越好，因为人们往往对不平常的事物记忆得更深、更牢。在进行链锁形象

287

联想时要注意运用奇异联想三规律：动态法、夸张法、代用法。另外，要熟练地掌握和运用链锁记忆法很关键的还需要反复练习，一旦在事物之间建立起形象串联就要反复练，上班或乘车途中、空闲时间都可以练。在学习生活中要反复运用、常用常练，联想速度才会越来越快。

2.寻找提示词

链锁法很像一个提纲，但比提纲更进一步。提纲仅仅是把提示词并排放在一起，不考虑它们之间的连贯和联系，而链锁法则强调提示词之间的连续性，提示词连接在一起，一个必须准确无误地引导出下一个，从而形成一个记忆链。

那么，我们如何才能找到最好的提示词？

首先，提示词不一定是单独一个词，它可能是一个很短的词组或句子。其次，提示词不必总是原文中的一个或几个词。

一个抽象概念或含有抽象材料的段落，最好用描写具体事物的词来代替。抽象概念不像实物那么容易连接。实物易于图像化，用不着多少想象就可以把它们和其他的实物联系在一起，这一点很重要，因为提示词的连接是链锁法的主要特点，通过运用联想规则我们可以完成这种连接。我们寻找某种联系，像因果关系、部分与整体的关系、对照关系、相似关系等。例如：何时？何地？什么？谁？怎样？等等，这些小小的问题往往会引导你去造就你的记忆链。一旦选定了提示词你就应该一个接一个地反复念，这样很有帮助。重复提示词的时候，要尽量把它们的形象按顺序想象出来，这样更可以增加它们意义上的逻辑联系。

← 应用：工作、生活和艺术中都可以用链锁

1.链锁记忆用于生活、工作中

经过链锁记忆法的转换，利用创造图像的能力，具体想象物体产生出连接的功能，就能像锁链一样环环相连，做到一字不漏、顺序不断、数量无限的联想功能。例如，要记"书—衣服—冬瓜—牙刷—肥皂"，就作如下联想："把书打开，里面夹有衣服；衣服穿在冬瓜身上；破开冬瓜，里面是一把牙刷；牙刷的柄不是塑料，而是肥皂做的。"这串新奇形象联想在脑中重现时，有如连环画，一幅幅画面接连不断，把我们所记的词一个个带了出来。又如，要记"红花—白马—啤酒—点心—书报—裤子—鞋—汽车—牛"九个互不关联的事物，就可作如下联想："一个青年身上戴着大红花，骑着白马，一边喝着啤酒，一边吃着点心；马背上的兜子里还有书和报，他穿的是牛仔裤、旅游鞋……看到一些汽车拉着牛过去……"这样想过几遍之后很快就可以记住了。

上面的例子，是为方便初学者易于掌握此法。在实用时，我们主要是记忆工作或学习内容。有的内容形象感强，比较容易记住；有的内容形象感不强，要先选择代表形象。例如，要记东北的八大工业：钢铁—石油—煤炭—森林—造纸—化工—汽车制造—机械制造，便可以用这么一串链锁的新奇形象来记："炼钢炉的铁水（代表钢铁工业）流出来变成了石油(石油工业)；

石油流到一处凝结成煤炭（煤炭工业）；煤炭上长出大树（代表森林工业）；大树上长出的不是树叶，而是纸张（造纸工业）；纸上画着试管（代表化学工业）；试管里开出一辆汽车（汽车制造工业）；汽车的轮胎是一台车床（代表机械制造业）。"用这样链锁想象，只看一次就能记下许多内容，可以说要记多少就能记多少，以后复习也十分容易。

2.链锁记忆用于诗词曲赋中

关于链锁记忆，在中国其实有着很有意思的传统。

人们运用修辞方法，使说话、写文章所运用的语言既合于规范又形象生动，易于记忆。其中用前文的末尾作下文的开头，首尾相连两次以上，使邻接的语句或片断上传下接，首尾蝉联的方法叫做联珠，也有人称为顶真或顶针。这个其实跟链锁记忆法颇有几分神似。

比如赵树理在《登记》中这样写道：

"有个村子叫张家庄，张家庄有个张木匠，张木匠有个好老婆，外号叫小飞蛾，小飞蛾生了个女儿叫艾艾。"

在《三里湾》中这样写道：

"有翼的床头仿佛靠着个谷仓，仓前边有几口缸，缸上边有几口箱，箱上面有几只筐，其余的小东西便看不见了。"

诗词曲赋中的句子头尾相连如贯珠，产生无穷趣味，给人以流畅的美感。如元无名氏曲《越调·小桃红》中：

"断肠人寄断肠词，词写心间事，事到头来不由自，自寻思，思量往日真诚意，意诚是有，有情谁似，似俺那人儿。"

利用这种联珠辞格，也像链锁记忆法一样可以帮助我们记忆。比如：

桃花冷落被风飘，飘落残花过小桥。桥下金鱼双戏水，水边小鸟理新毛。毛衣未湿黄梅雨，雨滴红梨分外娇。娇姿长伴垂杨柳，柳外双飞紫燕高。

　　利用联珠格把成语分组，可以起到巧记成语的作用——

　　随心所欲　欲擒故纵　纵虎归山　山穷水尽　尽善尽美

　　石沉大海　海外奇谈　谈笑风生　生龙活虎　虎落平阳

　　光明磊落　落花流水　水落石出　出人头地　地大物博

　　文质彬彬　彬彬有礼　礼尚往来　来之不易　易如反掌

　　还有寓记于乐的形式，如巧记名句：

　　战罢玉龙三百万　万里悲秋常作客　客舍青青柳色新　新丰美酒斗十千

千门万户瞳瞳日　日照香炉生紫烟　烟花三月下扬州

　　用提示词串起下面的诗歌。

　　我的小马定是觉得离奇，

　　荒野中没有农舍可休息，

　　在林子和冰冻的湖之间，

　　在一年中最黑的夜里。

　　它把颈上的铃摇了一摇，

　　想问问是不是出了差错，

　　回答它的只有低声絮语——

　　风柔和地吹，雪羽毛般地落。

　　林子真美，幽深、乌黑，

可许诺的事还是得去做。

还得走好多里才能安睡

还得走好多里才能安睡。

第二十七章
积极态度法：信念创造记忆奇迹

你自己的态度，既能帮助你记忆，也能妨碍你记忆。你的想法越积极，你的记忆力就会更好。要把记忆对象与愉快的事情相连。愉快的事物使人消除枯燥感，对记忆产生兴趣。记忆时，把要记忆的枯燥信号与愉快的事物相联系，枯燥便可化为兴趣，同时提高记忆效率。

← 原理：相信自己能记住就一定能记住

心理学家认为一定要树立记忆的自信心才能够记住它。一般的人总认为"自己记忆差"。这样，不知不觉地自己就解除了记忆力，于是记忆力就减弱。一旦陷入这种败北主义的心态中，将给自己的记忆带来障碍，你就会经常遗忘。

假若你是一名要报考高校的人，那可能会落第；相反，假若你下定决心去记，又确信一定能记住，那么你的记忆就会大大地增强。

相信自己本身的记忆力，这样就能有很好的记忆力。

英国著名随笔作家托马斯·德·昆西强调对自己的记忆力具有信心的重要性时指出："记忆力随任务的增多而增强。要有信心，那就可以完成任务。"如果试行这条简单的哲理，你也许会感到：原来如此，这确实大有效果。

对于记忆来说，最重要的是要有信心。生理学证明，假如缺乏记忆的信心，脑细胞活动会受到抑制，细胞活动功能会减弱，记忆力会降低。这在生理学上被称为"抑制效果"，这一情况往往导致缺乏信心——脑活动功能受到抑制——记不住——更缺乏信心这种恶性循环。

首先树立信心，将恶性循环改变为良性循环，这才是你进行记忆的起点。你可以想想，孩提时代的童谣至今仍可脱口而出，朋友或熟人的名字想忘也忘不了，自认为不善于记忆电话号码的人，对自己家、好友或恋人的电话号码却能轻而易举地记住。可见,只要下决心记,什么都能记住。

徐特立先生 43 岁那年赴法国勤工俭学,有人问他:"您这年纪,学习法文是不是难一点呢?"徐老说:"不一定,事情慢慢来。我今年 43 岁,一天学一两个字,一年可学 365 个字,7 年可学 2555 个字,到了 50 岁,岂不就是一个通法文的人了吗?假若一天学两个字,至 46 岁半,就可以通一国文字,我尽管笨,但不会一天连一两个字也学不会的。"徐老在法国学习不过四五年的时间,就能够读法文书籍了。徐老以 40 开外的年纪开始学法文,肯定困难不少,倘若缺乏信心,恐怕他是学不会、记不住的。

← 训练1：给自己积极的心理暗示

人们常说："这个世界是由信心创造出来的。"这话不假，力量是成功的速度，信心是力量的源泉。一旦有了坚定持久的信心，人就能爆发出远大的、不可思议的力量。这就是心理学上常讲的"自我暗示"。

要坚信：希望记住的东西一定能够记住。一个具有非凡记忆力的人，就一定具有能记住的信心，能轻轻松松地发挥记忆力的作用。相反，一个不坚定的人却往往对记忆信心不足。

你自己的态度，既能帮助你记忆，也能妨碍你记忆。例如"别人说的话完全记不住"这种态度，实际上就妨碍你的记忆。消极的态度本身就是问题。你一定要有信心，相信自己能够记住，实际就能记住。

请相信你自己的记忆力。手拿讲稿演说的演讲家实际上并不是在演说，而是在宣读论文，假若是林肯一边念原稿一边进行垂询，也许没有多少人听他的。你必须从内心相信，"我一定能够记住"，这样自然就会记住。这种信心是成功与自我暗示组成的。如果在即席致辞时这样做，那你一定会得到全场鼓掌。

深信你的记忆力，你的记忆力决不会天生就差。如果遵守记忆规律，任何人都能够具有良好的记忆力。

积极的心理暗示可以从以下方面进行：

(1) 破除自己"记性不好"的迷信，打破在记忆上不符合事实的自卑感，使精神得到解放。"君有奇才我不贫"，相信自己的记忆力与别人是一样的，谁的大脑都有这种能力，别人能记住的，我也一定能记住。经常在心中默念："我一定能记住。"当你对能否记住缺乏信心时，也可以回忆自己过去的成功体验，如"我曾在全班各科考试成绩排前五名""我几岁的时候就能背许多唐诗"。当这些过去良好的记忆形象再次浮现时，就会增强你"一定能记住"的信心。

(2) 要讲究方法。比如，先少后多，先简后繁，先易后难，用"记住了"的事实，不断鼓励、坚定自己的信心，逐渐使自己由"害怕"记忆到"喜欢"记忆，由怀疑自己到相信自己。

← 训练 2：培养自信的品质

罗斯福总统的夫人埃利诺说："除非你同意，否则没有人让你自卑。"

1.找到自己的长处

"尺有所短，寸有所长"，要客观地进行自我分析，充分地认识自己的能力、素质和心理特点。找出自己的长处和短处，以己之长，比人之短，激发自己的自信心。

马克思发现自己并不是"缪斯"的宠儿时，便毅然与诗神告别，焚毁了自己的诗稿。当时，马克思感慨地说："看了最近写的这些诗，才突然像叫魔杖打了一下似的……一个真正的诗歌王国像遥远的仙宫一样在我面前闪现了一下，而我所创造的一切全部化为灰烬了。"于是，马克思转向研究社会科学，最终同恩格斯一道创立了马克思主义学说，为人类开辟了认识真理的新纪元，作出了跨时代的巨大贡献。

拿破仑小时候很愚笨，学习成绩非常差。在小学和中学的时候，成绩常常是班级后几名，只有数学比较好。据说他终生不能用任何一种外语准确地说或写。更有趣的是，在滑铁卢打败拿破仑的威灵顿公爵，小时候也是一名被称为"笨蛋"的孩子。在学校时，他的学习成绩很糟，甚至连他的母亲也说他是一个"笨蛋"。但是他们都有身体健壮、痴迷军事的优点，如果让他们从事科学研究，可能一事无成，可他们却成为了伟大的军事家。

你一旦正确地了解了自己，自信的太阳就会在你心中升起，你就会发现，在自信的阳光下没有什么是你做不了的。

2.肯定自己

中国台湾有位大学教授在演讲时提出了这样一个问题："各位，对自己充满信心的请举手！"结果，举手的不到10%。

教授经过调查，发现这些人不自信的原因，是从小到大很少受到肯定。不断地发现自己的优点并加以肯定，有助于自信心的形成和培养。

有一位名叫丽娜的演员去好莱坞应聘一部电影的女主角，很多影星也在应聘。她站在著名的导演面前，论长相她长得实在普通，论才华一时也看不出来。导演问她："你凭什么来应聘主角？"

"凭我的自信。"丽娜回答得非常干脆利索。

导演吃了一惊："自信？你能向我们当场表演你的自信吗？"

"没有问题。"她向导演鞠躬后，一转身，她大步走到门口，把门推开，外面坐满了面试后等待结果的人，她放开嗓门大声地对她们说："各位，你们都回去吧，结果已经出来了，我已经被导演录取了。"事实正是如此，名导演录取了她。

美国有一个叫帝尼·博格斯的篮球明星。他的身高仅1.60米，是美国全国篮球联盟中最矮的球员。他从小就喜欢篮球，可是因为个子不高，伙伴们都不喜欢他。有一天他伤心地问妈妈："妈妈，我还能长高吗？"他妈妈鼓励他说："孩子，你能长高，长得很高很高，成为人人都知道的大明星。"从此，博格斯心中充满了长高的信念。

"业余球员"的生涯即将结束，他面临着严峻的考验：只有1.60米的身高，能打好职业篮球吗？博格斯很自信，他说："别人说我矮，反而成了我的动力。我偏要证明矮个子也能做大事。"于是在各个赛场上，人们看到博格斯简直就像个"滚地虎"，从下方来的球 90% 都被他收走了。他个子越矮，越是能飞速地运球过人。

博格斯始终牢记母亲鼓励他的话，虽然他没有长得很高很高，但他已经成为人人都知道的大球星了。

博格斯告诉人们的是："要相信自己。只有相信自己，才能成功。"

俄罗斯有一句古老的谚语："把你的帽子扔进围墙里。"意思是说，当你想翻过一堵很难攀越的围墙时，就把帽子先扔过去，这样你就会想尽办法翻越围墙，一定要把帽子拿回来。人往往就是这样，自信不够的时候，总是给自己一条后退的路、一个逃避的借口。正因为如此，我们常常错过了许多可以"跨越栅栏"的机会。而"把帽子扔过去"，就斩断了那似有似无的退路和借口，你只能用自信来鼓励自己，去"背水一战"。

← 训练3：转变成为一个乐观主义者

如果你生来就是一个现实主义者，你拥有一个清醒、冷静的头脑，看问题做事情都采取十分现实的态度。或是很多年以前，你的梦想都破灭了，让你不再对现实抱有任何不切实际的想法。如果你的观点是这样的话，你需要将它改变一下了。你应该开始意识到你现在所持有的这种观点，从更广的角度来说，可能不是足够准确的。这种悲观主义者的观点正在对你造成某种伤害，可能你自己还没有能够意识到。他正在伤害你的健康、你的事业，还有你的经济状况，暂且不提它伤害了你的记忆。但是要从一个长期顽固的悲观主义者转变成为一个乐观主义者，这是需要花很大的努力的，不是一件简单的事情。试着这样来想，你的悲观主义情绪是在你的左脑中的，而你的左脑只占你的脑力的一部分。正是由于这个原因，这种悲观主义的情绪不会影响到所有的事情。

在你的头脑中绘出一幅图画，这幅图画将展示你正用乐观主义的观点来看待问题。刚开始的时候，要来绘出这样一幅图是很困难的事情，坚持就是胜利。当你的观点改变的时候，你将会感到非常惊喜。你在做这件事情的时候，用到的不仅仅是你的左脑，而是你的整个大脑。

准备一两张纸，还有一些彩色的笔。想出一件最近发生的事情，你对这件事情原先的看法是悲观的。或是想出最近你遇到的一个人，你对这个人的看法也不是积极的。可以是关于你工作上的事情或是你生活上的事情，甚至是关于你的记忆的也可以。让我们来假设这件事情是关于你的工作的。在你的头脑地图的中间，画一个圆圈，写上"了不起的工作"这几个字。从这个中心点出发，画八条线，在线上分别写上八个关键词，描述你的工作都有哪些好的地方。也许你首先想起来的就是你的工作当中一些让你不满意不喜欢的事情。没关系，把你的这些想法写在纸的反面。也许你会写上这样的评价，比如，钱少、老要出差、离家远、不近人情的老板、懒惰的同事、让人感觉压抑的工作环境、挑剔的客户等。把你对工作感到讨厌的地方都写下来，从小事写到大事。下面你要做的事情，就是在每一件不好的事情旁边都写上这件事情好的一面，比如，钱少，至少你还没有失业，每个月有工资可拿；离家远，在上班的路上你有更多的属于自己的时间，可以坐在车上听听音乐，看看报纸什么的；老是要出差到别的地方去，也可以到不同的地方观看游玩，遇到不同的人，看到不同的民风民俗，这也是很有趣的。看见了吧，不管你有多么地讨厌你的工作，只要你换一个角度看问题，你还是可以发现好的因素。当你在这么做的同时，一件奇怪的事情就发生了。你的思维更加开阔了，你的眼光放开了。当你改变了对一切都不满意的态度的时候，你的感受也发生了变化。你会对你的工作更加热情，更加充满信心，你突然充满了工作的动力。在这种思维状态下，你学起东西来会更加容易，你回忆以前学过的东西也会更简单。

　　把纸放在一边，让这幅图画出现在你的脑海中。现在再拿出一张纸来，做出一张完整的图。用不同的颜色，在不同的地方涂上不同的色彩。将这幅图画储存在你的记忆当中。这样你就拥有了一种全新的思维方式，也使你开始想去把那份没有写完的工作报告写完了。或者你有了一个更好的心情，去给同事写评估。当你想做的时候，不管是一件大事还是一件小事。每当你的想法又回到了悲观主义的思维方式上面去的时候，看看你的图，提醒自己乐观的想法是多么的好。

← 训练4：用快乐和平静来代替压力和烦恼

有的时候，我们的一些不愉快的记忆是和一种学习方式有关的。也许你在学校的时候不怎么喜欢学习数学，但是你的工作恰好和数学有关。每当你打开电脑，看见一份文件的时候，你就产生了厌恶的情绪。其实你的这种情绪是可以改变的。是的，只要你下点工夫，你完全可以做到。在轻松的精神状态下，回忆一件不怎么愉快的事情，给它一个全新的注解，一个让你感觉愉快的想法，记住同时要改变你对它的感受。在做这个练习的时候，你是在改变自己的观点。事情的本身其实并没有好坏之分。我们看事情的时候，是用自己的观点来评价，我们是用自己的想法在给不同的事情涂上颜色。警察们是很清楚这种现象的，比如一件事情有五个目击证人，比如一次车祸或是抢劫，每个人对这件事的描述都可能不一样，只是因为他们每个人的观点和看法都不一样。

在这个练习当中，你不是在改变事情本身，你是在改变你自己对事情的看法。比如说，你在学校的时候受到了侮辱，你可以记起这件事情来。在你回忆这件事情之前，不妨让自己进入大脑的初始状态。把欺负你的人想象成一个小矮人，而你是一个巨人英雄，你战胜了小矮人，取得了成功。通过这种方式来改变你不愉快的记忆，这种改变会让你重新充满自信。但是，我们还要向你介绍一种更快的方法，那就是进入大脑的初始状态，到你最喜欢的房间里去，享受那儿的平静和祥和。将环境想象成为被一种蓝色或是粉红色的光笼罩着。告诉自己你现在很平静、很放松，然后再回到正常状态，开始你的工作。

蓝色和粉红色是最能让人感到平静的。当然，你也可以随意地选择自己的颜色。你的选择还可以经常改变。这个月可能你选择了蓝色，可能下个月你会更喜欢紫色。这是很正常的，只要你能通过这种颜色来感觉平静。使用这种方法一两次以后，你将会发现只要一两分钟，你就可以改变自己的看法，将你的感情改成乐观主义者的思维。

你可以利用你刚刚学会的这种积极思考的方式，来提高自己的记忆能力。实际上，你必须使用这种方法，而且不断地使用。这里有一个简单的例子来说明如何使用。自己来试验一下，你还可以举一反三，想出其他的很多种方法来。

（1）想出一些在学习当中应该记忆的东西来。

（2）放一些记忆音乐。

（3）进入大脑的初始状态。

（4）想出一些快乐的记忆。可能是去年的圣诞节，或是上一次涨工资的时候、搬新居的时候。不管是什么，将当时的情形回忆起来。利用你的感官、视觉、听觉、味觉、嗅觉、触觉等，尽可能地让自己回到当时的情景中去，让自己有身临其境的感觉。听见自己说了些什么，别人说了些什么。

（5）你当时是什么感受？感受一下你当时欣喜的感觉，把这种感觉加深。

（6）沉浸在这种感觉当中。看着你想记忆的材料，读一遍。在你的大脑中创造一幅图，并不需要是一幅十分完美的图画，只要是你努力的结果就可以。

（7）回忆你的愉快经历。在这种情感当中来记忆你头脑中的这幅图画。

（8）回到你的正常状态中来。

创作一幅乐观主义者的图画：

想出一件事情来，你对它的想法原本是消极的、悲观的。创作一幅图画，将自己的看法转变成为积极乐观的看法。当你在完成了这幅图画以后，将它储存在你的记忆文件夹中。然后随便去完成一件事，不需要是什么大事，比如打电话就可以。你是否会被自己快乐的情绪所感染呢？